U0031697

THINKING LIKE A COMPUTER

AN
INTRODUCTION
TO
DIGITAL
REALITY
—

更新人類
理解現實方式的
「數位現實理論」

電腦如何
學會思考？

GEORGE
TOWNER

喬治・湯納——著

吳國慶 譯

本書作者喬治‧湯納（George Towner）曾在柏克萊學習邏輯學與哲學，後來成為凱撒基金會研究所的助理主任，從事「原始生物」（primitive organism）的生物學相關研究。當電腦革命風潮衝擊矽谷時，他開始轉向資訊科技的研究，並在 Apple 公司擔任高級技術人員長達三十年。湯納在自己的獨立研究中，分析了電腦如何從早期的純數字計算機，演變成現在的智慧型數位助理。本書《電腦如何學會思考》（Thinking Like a Computer）便是基於「集合論」（set theory）而提出的一套令人折服的嶄新詮釋，用來解釋人和電腦如何理解現實。

推薦序
哲學，對於電腦發展之大用

苑舉正（臺灣大學哲學系教授）

本書，太有趣了，也太重要了！

電腦的出現，是我成長過程中最大的衝擊！

我是哲學人，不是理工男，所以電腦對我來講是一項非常難以理解的東西。我甚至不懂，電腦，為什麼叫做「電腦」？

直到閱讀這本書以後，我突然明白了，原來電腦的基本原理，就是不斷地在模擬人腦的運作過程。

雖然一個是機器，另外一個是生命，但是在這本書當中，機器與生命是放在一起來看的，甚至就是人存在於這世界的兩面。

「數位現實」（DR）是理解電腦與人腦關連的核心，而關鍵是將以往認知轉換為數位現實。

我們的認知一直是整體的圖像，我們以類比的方式認

005

識這些圖像。歷經了幾萬年，我們都是這麼看世界，然後數位化出現了。

數位化將圖像分割成極為細小的單位，然後用最簡單的 0 元 1 展現每一個單位，接著就是透過螢幕重現圖像。

因此數位能夠勝過類比，主要就是，模擬思維與數位重組，而且由點而線，由線而面，由面而體。

同時，讓電腦出現的工具來了！這就是作為數學基礎的集合論。數位化從最基本的數位，將點、線、面，體，集合在一起，用的就是集合論。

單有集合論還不夠，必須是公理化的集合論。這是個非常重要的觀念，因為公理的觀念，就是發展系統的基礎。

透過公理化的集合論，人的生命就是一個透過電腦來模擬的系統。在將人的認知發展為系統的過程中，有三件事情是最具顛覆性的：

第一、人的各式認知都可以用集合表達，而且這些集合就是組成認知的要素；

第二、我們一般認知中，行為的動機，物理的複雜，以及理想的發展，都是無限的，但其實它們不具有無限性，因為都可以當作不同的集合；

第三、數位化的世界不但以人為主，還以人的行為、物理，與理想為主。這三項要素，就像三種基本色素一樣，可以搭配出一切。

　　這是一個清晰又偉大的框架，可以說明過去，現在與未來的一切，而這也是為什麼生命演化也是電腦發展的重要問題。

　　因此，客觀存在世界觀的建構是可能的，而且它依然展示無限世界的，但實際上它是由公理化的集合論所建立起來的系統。

　　那麼，這當中的哲學發揮什麼作用？

　　坦白講，在閱讀本書之前，我認為，哲學對於電腦的發展沒有發揮什麼功用。但是閱讀本書後，我發覺，哲學對於電腦的發展有很重要的功用。

　　我想說兩部分：

　　首先、雖然電腦的發展改變了我們對無限性的認知，但是有限性的認知也是電腦的限制。這些限制要逐漸突破，例如在發展下一代電腦（例如量子電腦），需要哲學引發向前發展的動力。

　　其次，哲學以發揚想像力為主，其中正如本書所言，包含宗教與神秘主義的議題，都可以討論，讓電腦更貼近

於人的思維。

　　最後，我想說，這本書牽涉到很多科學認知與術語，但它們並不能夠阻礙我們想要瞭解，這個時代中最偉大的文明貢獻：電腦。

　　基於本書主題的重要性，我向國人鄭重推薦此書。

數位真我：像電腦一樣

葛如鈞（台北科技大學技術及職業教育研究所助理教授）

你是否曾經思考過，科學家們告訴我們，這個世界是由正物質和反物質構成的，那麼，為何電腦的核心元素也是由零（0）和一（1）構成的呢？你是否也像我一樣好奇，為何某些宗教信仰中的轉世者，似乎在新生命中仍保留了前世的記憶，這是否就像我們的 USB 隨身碟，即使進行了格式化，仍然可能保留一些電磁資料，可以被恢復？

我要感謝出版社讓我有機會接觸到這本獨特的書籍《電腦如何學會思考》。這本書的獨特性讓我在首次接觸時，甚至還有些猶豫，不敢立即答應出版社的邀請，我甚至回信問他們為何會出版這樣一本獨特的書。

在閱讀這本書的過程中，我大部分的時間都像是一個數位修行者，走進了老和尚為我準備的靜坐房。我試圖數息，但思緒卻總是飛揮。書中的文字我都能理解，對我這

個數位宅男來說，閱讀起來也相當愉快。但當我試圖將這些文字組合在一起，試圖理解這本書到底在說什麼時，我必須承認，我仍然有些困惑。

你可能會問，既然我都還不完全理解，為何還要推薦這本書，甚至為它寫序呢？對此，我可以非常有信心地說，在這個生成式人工智慧大爆發的時代，無論是看不懂的歌詞、演講、圖文、藝術，只要交給 ChatGPT 或 Bard，他們都能將其解釋得清清楚楚。在這樣的時代，有什麼比遇到一個連電腦都無法理解的內容更讓人興奮的事情呢？

回到我一開始提出的問題，從正統科學家或哲學家的角度來看，這種看似巧合的現象可能不值一提。但是，許多科學發現的起源，不正是源於這種巧合嗎？如果沒有對這些巧合的堆疊和懷疑，我們可能無法發現日心說，也可能無法發現這麼多的元素。

隨著我們對電腦系統的理解越來越深，我們可能會開始懷疑我們所生活的真實世界其實只是一種模擬。從 Google 的創始人到伊隆·馬斯克，再到世界級的駭客 Geohots，他們都曾在公開場合提到，我們生活的世界可能只是一個數位模擬的世界。如果這是真的，那麼我們所認為的物理真實，是否只是未來或平行時空的數位真實？如

果這種真實的物理結構與數位世界的結構如此相似，那麼當通用人工智慧的思考機制被創造出來的一天，我們是否會突然發現，我們人類的思考方式真的「像電腦一樣」？

正如書中所提，天體物理學家和科普作家愛丁頓（Arthur Eddington）曾經構想過一個場景，一個如同銜尾蛇般的真相。他說：「我們在未知的海岸上發現一個奇怪的腳印，於是我們設計出一個又一個深奧的理論來解釋它的起源。最後，我們成功重建了留下這個腳印的生物。瞧！原來是我們自己的腳印。」

一本書可能無法證明這種事情的真偽，就像柏拉圖的洞穴寓言一樣，我們在真正走出洞穴之前，永遠無法證明洞外的世界。但是，我們至少可以不斷地推理，不斷地想像，不斷地構思，直到我們透過無窮的思考或無數的猴子，最終編寫出了洞穴外的世界以及所有的真相，驗證或發現我們是或不是一隻銜尾蛇。

在這個數位化的世界裡，我們的思考方式、我們的存在方式，甚至我們的真實性，都可能被重新定義。我們可能會發現，我們的真我，其實就是這個數位化的自我。我們可能會發現，我們的思考方式，其實就是「像電腦一樣」。我們可能會發現，我們的存在，其實就是在這個數

位化的世界裡。

　　所以，讓我們一起走進這個未知的世界，讓我們一起探索這個數位化的真我。讓我們一起，像電腦一樣思考。

推薦序
致新時代的思考者們

洪士灝（台灣大學資訊工程學系暨網路與多媒體研究教授）

《電腦如何學會思考》一書所提出的觀點和論述，相當值得借鏡與玩味。

身為一個從中學開始探究電腦世界三十餘年的思考者，目睹計算科技大幅改變人類文明與思維的過程，我很能夠理解作者的思路以及追尋的突破之道。與其死守著唯物論和唯心論，電腦的運作原理和資訊的數位化讓作者對世界的理解增添了一個維度，得以統合知識、解構現實和思索生命之道，這種勇於創新的思路，我個人相當推崇。尤其是在人工智慧大放異彩的今天，人類智慧與社會文化將如何發展，尚在未定之天，建議新時代的思考者們嘗試跨越物理、哲學、資訊的領域去理解和發展日新月異、虛實混成的新世界。

譯者序

人類到底如何能像
電腦一樣思考？

吳國慶（本書譯者）

「像電腦一樣的思考」這個命題，彷彿帶著致命吸引力，彷彿一旦瞭解之後，就能像吃了聰明藥丸一樣，立即對任何難題迎刃而解，可以溫故知新、鑑往知來，甚至博古通今，一切象徵「智慧」的成語，都將可用來形容能如電腦一般思考的你。

然而，我們不妨從另一個角度思考：「人類發明了電腦」。從圖靈機開始，到擊敗西洋棋高手的深藍超級電腦、擊敗圍棋高手的 AlphaGo 軟體，一直到人手一支的智慧型手機，都是人類藉由知識堆疊，逐漸改善、洗鍊、琢磨各種軟硬體相關知識後，推陳出新，不斷創造出一部部劃時代的大小型電腦裝置。因此，人腦當然勝過電腦，所

以大家可以跳過這本書不看了？

　　請各位捫心自問，你個人的思維或智慧，從沒有完勝過任何一部電腦吧？就算我現在把一部 19 世紀初由英國數學家兼工程專家巴貝奇的發明——「差分機」（這部類電腦計算機器，也就是一般認為世界上第一位程式設計師同時也是英國知名詩人拜倫之女的愛達，一眼看到便認為用途不止於計算，也可作為函數運算的電腦原型機）這種早期的「類電腦」擺在你面前，你應該也很難摸清其背後的製作原理。更別提 1983 年蘋果推出的麥金塔電腦圖形介面配上滑鼠，再到 2023 年你手上的觸控 iPhone……。一切種種，確實都是我們無法憑一己之力（或團隊力量），花大量時間就能做出電腦計算或運算的驚人成就。於是，人腦與電腦的思考優劣問題本身變成一個「蛇吞環」的基礎型態：人藉由思考而發明了電腦，電腦協助人們快速思考，然後人類想學習像電腦一樣的快速思考……？這中間一定出了什麼問題？

哲學讓電腦學會思考

　　本書作者喬治・湯納（George Towner）幫你釐清了這個問題，告訴你電腦的運作，其實是模仿了人類思考「邏

輯」的方式，亦即必須藉由哲學思辨與數學輔佐的方式，來完成最基本的思考架構。因為當初與作者一起在蘋果公司製作麥金塔電腦、作業系統、應用軟體的這群人，也就是認為「個人電腦」到底該以何種方式出現在我們生活中的這群絕頂聰明、「不修邊幅的粗獷哲學家」工程師們，費盡心思，經歷高度的腦汁輾壓過程，才想通如何讓電腦的運行合乎邏輯，進而能夠一步步攀上人類智慧「演化」的軌道，協助這個世界往復加速，達成人類今日的成就。

他們所思考的人類知識運作邏輯形式，可用「數位化」這個動詞來表示，亦即電腦最擅長的作法——「類比—數位」轉換。溯其根源，即來自於人類理解外在世界所使用的方式，將現實的類比存在，經由數位化轉換的「數位現實」（Digital Reality）來完成。這種數位現實就是所有生物得以理解周遭一切的作法：就像草履蟲學會了趨向養分移動，狗學會了過馬路，人類學會了把個人集結成團體來抵禦外侮一樣。生物藉由將現實加以數位化，理解存在而形成知識；接著，生物便將此知識藉由演化，以基因代代相傳，形成今日我們所見的一切。然而數位現實的知識外在表象如此，那內在肌理究竟如何形成、如何分析呢？換句話說，這種數位現實的知識，如何從原始人類傳承為你

我現在的理解呢？

　　作者以這五十年來逐漸浮出水面、重返人類知識競技場的「第四波哲學運動」，來解釋人類理解這個世界所使用的「數位現實」理論，亦即本書所稱的「DR 理論」來加以解釋。讓我們瞭解知識的積累，是藉由擴展哲學思辨過程所產生的數學「集合論」交織而成。從早期的原生動物一直到「智人」的我們，都是透過以「想像」的數位現實來洞悉辨識外在世界，並運用了類似於達爾文演化論的方式，以各種「類別」將知識累積於基因中。這些類別是藉由生物的「類比—數位」轉換過程，也就是電腦擅長的方法來呈現。唯有瞭解了人類到底如何思考這種轉換過程，才有辦法教電腦如何進行轉換，也就是教電腦到底如何思考。當你藉由 DR 理論瞭解了電腦如何思考後，便可推及世間萬物的認知、感知與類別判定，進而以 DR 理論來分析世間的一切知識，讓我們的思維透徹清明、豁然開朗。

　　不過，哲學到底如何讓電腦思考呢？首先便是「邏輯」的引用，這些電腦工程師兼哲學家們必須設計出能像生物一樣邏輯思考的機器。跟作者一起在蘋果製作電腦的這群聰明人，幾乎每天都在解決與人類知識相關的深奧哲學問題，而且「而且這些邏輯問題一定會讓亞里斯多德、

牛頓和康德等人大吃一驚」。因為他們將會瞭解人類的知識運作方式完全可以倚仗 DR 理論，亦即一種藉由「將類比的連續世界，轉換為數位的不連續世界」的知識演化過程來加以詮釋。

完整模擬人類累積知識的思考流程

作者把數位現實分成三種類型：行為的、物理的、理想的，最簡單的解釋範例之一，便是以前的電視或電腦所使用的 CRT（陰極射線管）螢幕。這種老式螢幕的原理，是藉由一個快速移動的光點，打在螢幕玻璃背後的螢光粉上而發光。當掃瞄速度夠快時（每秒逐點掃完整個螢幕三十次），在視覺暫留下，這個像耕耘機犁田的小光點，就會製作出一秒鐘的動態影像，於是我們看到了一秒鐘的電視畫面。仔細分析背後原理：如果將掃描動作放慢的話，你看到的其實只是一個不停移動的投射光點，這個點是「物理現實」上的實質光點，其「行為現實」是不斷地移動掃描，然而看在我們眼中的卻是新聞、音樂、戲劇、電影等這些「理想現實」中的畫面。也就是說，這些呈現中的節目，都是把「類比存在」（攝影棚裡的人事物）轉換為「數位現

實」（畫面上的人事物）。人類教電腦學會最重要的一件事，就是這種「類比—數位」轉換能力。這種能力不僅是電腦最擅長的事，也是你我在認識這個世界、獲取生存相關事物的最重要能力。不過，人類似乎並未察覺自己的「數位化」能力來自何處、如何運用，雖然歷史上的許多哲學家、生物學家、數學家、社會學家等專家不斷尋找這問題的答案，然而一直要等到個人電腦發明時，工程師面對必須完整模擬出人類獲得並累積知識的思考流程後，才讓這問題有了解答。

事實上，將類比世界理解為數位現實的這件事，就是生物不斷關注、傳承生命的持續理解，這些理解讓我們得以認識世界，更攸關人類生存的必要性。由於我們生活在一個類比的連續世界中，這個世界一定會影響到我們和其他生物，並影響到與我們互動的一切事物。當我們想要理解這個世界並與其互動時，我們就會使用一個或多個自己建構的數位世界，亦即 DR 理論所稱的「現實」來理解各種新事物，並將這些新事物累積分類為瞭解另一個新事物的基本集合。如此便可重複拼湊出這世界的各種知識樣貌，每件新知識都可以來自舊知識的累積與傳承。

例如，我們可以將電腦內的位元視為一種新的數位

現實，而且是模仿自生物建構的數位現實。從電腦軟體的設計方式來看，軟體人員會細心處理三種類型的內容，通常稱為「資料、程式、演算法」。我們可以把它們與生物建構的物理、行為和理想類型的數位現實進行類比。「資料」是由真實世界物件的數位代表所組成，例如一張點陣圖，就是由網格分割的方式，以點來構成像「蒙娜麗莎的微笑」這樣的複雜圖像，亦即外在世界看到的類比「物理」圖像被數位資料化；「程式」則用來將某些資料轉換成其他資料，而且程式是由時間順序驅動，看起來就如同有機的「行為」一樣，會在電腦時間遞增下按順序執行，亦即將資料結構化。「演算法」則是以有效的方式處理數位資料，以便產生其他更有效數位資料的一種常用技術。每種演算法都是一個「理想」的模式，可以導引程式人員完成編寫軟體的任務。當我們把圖像加以「數位化」而重現時，三種方法都可以使用：「物理」方式便是記錄這些分割光點的資料，然後以這些資料還原重現；「行為」方式是以程式碼指令形式來描繪圖像各部分輪廓加以記錄，然後以這些資料還原重現；「理想」方式則是以預載的圖形或模式來描繪圖像各部分所包含的既有形狀加以記錄，然後以這些數據還原重現（書中有更多範例）。如此一來，電

腦便可將類比世界數位化，然後以這些數位化後的位元紀錄，重新還原描繪出整個類比世界。

數位現實亦能用來建構人類社會

一旦我們瞭解了電腦向人類學習得來的三種數位現實形式後，我們不禁要問：「人類世界的其餘部分，也是如此進行理解的嗎？」作者在接下來的篇幅中，便以這三種數位現實，透過集合論的公理，以類別來源與現實分類為本，交織分析出人類社會的組成型態，包括六項社會化名稱：公社主義、威權主義、智慧思維、正統信仰、律法主義和集體主義。這些社會型態主宰著從原始社會到現代社會的人類群體，印證了數位現實對人類社會與知識的分析亦能有所著墨，讓讀者在閱讀過程中歷經一場知識辯證的演化洗禮。

作者始終認為 DR 理論的意圖，便是在透過使用康托爾的集合論和數位化知識的作法，來解釋生命如何運作，以便為個人對世界的推測提供一個相對簡單的基礎結構：「DR 理論打算為過去這個世界進行理論化的方式，提出一些看法、一點改變。你可以將它們視為一種哲學上的權

衡，其目的在於擴大我們的知識領域，並協助解決其中的某些問題。」

我們所理解的知識對象，仍會是「數位化」的類比存在，而非存在本身。因為人類的知識是來自建構出來的數位現實，而非類比的原始資料。所以當初這群工程師之所以讓現代電腦也如此運作的原因，就是出於意圖或本能，從人類生活中複製了這種想法。也就是說，無論電腦的任務複雜度如何，都可以透過操控位元組來執行任務。因此，設計出可以用來移動、儲存和詮釋位元模式的機器，就成為電腦設計的總體目標。於是我們終於可以藉由這樣的電腦設計方式，正本清源地理解人類思考中的數位現實。

此外，為了更進一步分析，作者也以「冪集」與「交叉分類」，來說明人類理解事物所使用的方式。而為了解釋「冪集」，作者運用了集合論的操作定義，其大意是指原有經驗的集合，可藉由公理的規則，分化出各式各樣的有效集合，讓人類在遇到未知新事物時，以舊有經驗的集合作為元素來交集或聯集出新的理解。另一個重點便是，由於過去哲學家的範疇論在闡釋類別的知識局限上，可經由「交叉分類」來解放桎梏。其大意是指我們在理解新

事物時，可以用現有的理解類別來跨集合產生新的事物類別。上述二者都是人類在解決難題、逃避災禍等各種情況下，可使用的內在自我意識技巧。因此，生物個體的任何知識，都是像這樣由大量嵌套的集合類別所組成。

　　最後，最適合用來解釋本書主旨「DR 理論」的方式，便是把這本書當成一種理解知識運作原理的「實驗沙盒」。唯有在沙盒中不斷推演、顛覆自己的想法，並學習各種邏輯思考的推論，也就是讓自己置身於一個像是「哲學實驗室」一樣的運作環境中，才能把「人類像電腦一樣思考」的命題，翻轉為「電腦像人類一樣的思考」，進而心滿意足的理解──原來，你已經像電腦一樣思考了。

目次

前言

過去五十年，對於「知識如何支持生命」的全新觀點

第一章　數位現實理論

用建構數位現實來理解存在

前言

過去五十年，對於「知識如何支持生命」的全新觀點

如果我的孫輩中有人長大後成為歷史學家的話，一定會對我們現在所處的時代感到驚訝。因為從 20 世紀 80 年代開始，電腦計算能力的廣泛應用，顛覆了許多傳統技能。記得在十幾歲時，我努力學習了印刷、記帳和攝影等方面的各項基礎知識。時至今日，我學過的大部分傳統技術都已過時。印刷從熱金屬排版變成了桌面出版（指在個人電腦上運用版面設計技巧來建立文件），記帳從紙張轉移到電腦表格上，攝影工具也從膠捲相機變成智慧型手機。除了上述這些進展之外，現在連我的汽車也想要自動駕駛了。

還記得當時為了跟上時代的腳步，我搬到矽谷學習撰寫程式，並加入 Apple 的工程團隊。可以說在純粹的運氣下，我進入了這個人們稱為「數位革命」的搖滾區工作。在接下來的三十年裡，我親眼目睹這場革命的逐漸開展，

並意識到它所影響的不僅是人們的生活方式和工作方式而已。原先我在柏克萊接受的是邏輯學與哲學[1]方面的培訓教育,後來我到凱撒基金會研究所專攻生物學。而在 Apple 期間,我身邊幾乎都是不修邊幅的粗獷「哲學家」,因為他們用「邏輯」來設計能像生物一樣行動的機器。我跟這些異常聰明的人一起工作,看著他們每天解決人類知識的深奧理論問題,而這些問題一定會讓亞里斯多德、牛頓和康德等人大吃一驚。

SRI(史丹佛研究中心,類似台灣工研院)、英特爾、PARC(全錄公司的帕羅奧圖研究中心,許多個人電腦的新發明幾乎都來自此地,包括雷射印表機、乙太網路,以及最重要的電腦圖形介面,即一般認為賈伯斯在此參觀過後,立刻學走用在麥金塔上的技術等等)、NeXT(賈伯斯離開 Apple 後創立的公司)、Google、Adobe 等其他矽谷企業,也都為這項工作做出貢獻。這讓我開始意識到,自己正置身於像「哲學實驗室」一樣的工作環境中。這群富想像力的人,試圖讓機器思考,他們透過實驗來挑戰傳統的科學基礎。

1　譯注:logic and philosophy,原意為「邏輯學」與「哲學」,亦即本地所稱的「理則學」。

結果是，我對「知識」在具體細節層面的運作方式有了全新的理解。這並不是在說「人就像電腦一樣」，相反地，而是認為「電腦應該像人一樣」行動並思考。這些硬體和軟體的實驗，以及所有的試誤過程，揭示了人類知識的新原則。這些新原則不僅對我們來說很有意義，而且在機器中也同樣有效。

　　我的主要發現就是數位化（digitization），這是一種在 20 世紀開始發展、相當複雜的一種「機械科技」（machine technology）。你和我以及我們的電腦，以「類比」（analog）的方式與周圍的世界互動，然而我們卻能以「數位」模式進行思考和行動。數位化對於我們（或者說智人）來說並不稀奇，因為它已經融入生命的本質當中。事實上，「類比─數位」（analog-to-digital）轉換是人類生活的一項基本技能。從這種內在觀點開始，誕生了數位現實理論（Digital Reality Theory，為節省篇幅，以下均簡稱為 DR 理論）。這種 DR 理論的基礎可用一句話來表達：

　　生命透過建構數位現實來理解存在。

　　如果是在一百年前，大多數的人應該覺得這句話深奧

難解，但擺在今天卻很合理。人類在 19 世紀和 20 世紀經歷過三種智慧思維發展的變化，包括演化論、集合論和數位化等，這些變化讓 DR 理論成為可能：

- 19 世紀下半葉，達爾文的**演化論**重新改變了許多與生命相關的看法。其中包括一些固有知識的想法，例如「這個世界到底如何運轉」的問題，在傳統上認為有一定的答案——只要知道如何找到這個答案。牛頓和康德等思想家也一直在尋找知識發展背後的原理，牛頓選擇了數學，康德則選擇了理性。但他們從未想過生命本身也在演化，所以知識當然也會隨之改變。

- **集合論**發明於 1874 年。由數學家康托爾（Georg Cantor）把數字集合建構為真實的數學物件，提出現在所稱的「樸素集合論」（Naive set theory）。而在 1920 年代，策梅洛（Emst Zermelo）和弗蘭克爾（Abraham Fraenkel）這兩位邏輯學家，藉此制定了建立任何類型的元素集合與驗證該集合是否為真的通用規則，一般稱為**公理化集合論**（axiomatic set theory，又稱「策梅洛—弗蘭克爾集合論」）的嚴密邏輯理論。

- **數位化**，為源起於 20 世紀的一項資訊科技。當電腦從純數字計算機演變為多媒體處理器時，電腦設計者發明出將類比資料轉換為數位形式的演算法，因而誕生了「類比—數位轉換」[2] 科學。

後兩項發展為今日大家所使用的智慧型電腦設備奠定了基礎。從桌上型電腦到行動電話在內的這些設備，都被設計成在裝置中內建「數位」位元集合，用來表現包括圖像、聲音、事件，甚至整個「人工現實」（artificial realities，如虛擬實體投影）等外部「類比」現象。智慧型裝置之所以如此設計，是為了提高數位化的效率，協助電腦從瑣碎的事件中，挑選出相對重要的東西，並讓舊有的解決方案可以應用在新任務上。人類和其他生物將自己生活的世界加以數位化，也是基於相同原因。也就是說，生物就像電腦一樣（或者說電腦學習了生物的作法），在自身內部建構「數位現

---

2 譯注：舉個簡單的例子，類比就像水銀溫度計看到的溫度是連續無間斷的，數位溫度計則對溫度計取樣後用數字顯示出來，由於取樣一定有間隔，所以是不連續的。又如錄音帶以磁粉記錄連續的音樂或聲音；網路音樂則分段（極細微的段落）取樣，以數字方式記錄音樂，所以是非連續的，也較方便傳輸或保存。

實」，以解決外部的「類比問題」。

在演化論、公理化集合論和數位化科學加入傳統知識理論之後，就出現了 DR 理論。過去四十年出版的各種書籍，已提供關於這項理論的諸多細節，讓它的訊息更加明確。本書便要在六章的篇幅裡，為你總結整理 DR 理論的最新狀態：

- 第一章「數位現實理論」，以通俗易懂的語言概述 DR 理論的基本思想。包括 DR 理論如何解釋「知識」，以及它與傳統的解釋有何不同。
- 第二章「理解存在」，仔細分析我們和其他生物如何掌握周遭世界。這些必要的相關機制是在生命的演化過程中形成，可用集合論來加以描述。
- 第三章「建構現實」，解釋人類把知識變得具有「實用性」的過程。人類透過數位化的類別（categorization），讓自己對世界的理解獲得了驚人的豐富性和複雜度。
- 第四章「社會現實」，討論的是讓人類的群體行為得以實現的各種制度和協議。它們雖然是人為創造的，卻能真實地影響你我的生活。

- 第五章「個人現實」，歸納整理了人們創造自然、形式和精神世界的過程。這些內部數位現實結合在一起之後，便可包含我們作為個體所能理解的一切事物。

- 第六章「應用 DR 理論」，本章回顧了 DR 理論如何協助人類更新知識基礎的一些方法。

DR 理論傳達的訊息之一就是：所有知識或多或少都是不確定的。雖然有些想法非常確定，但即使是你認為最可靠的知識，也經常會被更好的想法給推翻（甚至連本書的看法在未來也可能會被推翻）。然而，最新最好的理論，可以讓我們重新審視自以為知道的知識，因為學習新知就是人類更新理解的最有效方法。只有當 DR 理論可以協助完成這項任務，才能算是完成它的工作。

第一章
數位現實理論

用建構數位現實來理解存在

「生命理解存在」這句話，描述了一種大家都相當熟悉的工作，亦即我們每天的生活作息都是為了理解存在。我在這裡使用的「理解」（understanding）一詞，指的是瞭解一種語言或一種遊戲的那種用法。當我說理解「法文」或理解「金拉米（一種紙牌遊戲）」時，我是指在特定情況下，例如被問到「ça va?（法文「最近好嗎?」）」或拿到一手牌時，知道應該如何回應的那種理解。我只是所有生命的一小部分，一副紙牌也只是現有宇宙裡的一小部分而已，但同樣的理解原則可以擴大應用。

哲學的一個分支「認識論」，或者說「知識論」，致力於解釋我們如何理解這個世界（或「應該」如何瞭解這個世界）並判斷其結果。所以 DR 理論應該被歸類為「廣義的知識論」，因為知識論這三個字建構了數位現實，亦即描

述了我們和其他生物事實上到底做了哪些努力來理解「存在」。因此在閱讀本章後，你就能瞭解什麼是「理解」——這句話聽起來是不是很像真正的哲學研究標的？

DR 理論主要是基於現有的資訊和解釋，而非依據任何尚未發表的實驗或尚未發現的真理。然而，它確實是把一些並不相關的想法和思路匯集在一起。DR 理論依據傳統上分散在各種學術學科中的原則，組合出連貫可信的心理圖像（mental picture）；這張圖像是否真實，純屬於判斷問題，而判斷的人就是你自己。

DR 理論的故事可用普通的語言來敘述，就算寫下來也不必用到一些虛構的字詞或一連串的神祕符號。然而，對於 DR 理論的解釋來說，普通語言有時過於空泛。例如韋伯字典對「行為」（behavior）一詞的定義，包括了無生命物質（例句：「各種金屬在受熱下的行為」）。然而 DR 理論將行為限制在「生物」身上。我會努力標記出 DR 理論在有所限制的情況下，超出使用普通語言的範例，以便讓本書可以持續使用通俗易懂的語言。各位只需付出很小的閱讀代價，即可避免專業術語和過於學術化的推理。

理解世界

為了初學者，我會準確定義 DR 理論的主題，亦即「生命理解存在」所涵蓋的內容。

所謂的**生命**，包括地球上的所有生物，從細菌到搖滾明星，以及他們的足跡——包括各種人工製品和所造成的環境變化。當然也包括生命體裡面一些「半獨立」的部分（如葉綠體、粒線體等），以及許多的生物群體（例如物種和社會）等等。這裡的生命指的是個別物體或集合體的實質存在，完全可以表現出（或本身即是）一系列「生命現象」的結果。

舉例來說，一隻河狸本身是生命的一部分，整個河狸屬（Castor）也是如此。而河狸建造的水壩和小屋，也都是我所說的生命的一部分。在河狸的一生中，每隻河狸都會在自身內部建構一個數位現實，協助自己在一條或多條特定溪流上修建水壩。而整個「河狸屬」則建構出一個更通用的數位現實，讓所有河狸可以各自對應所有的河流。單一個體的河狸，將其數位現實儲存在自己的神經系統中；這是因為河狸屬在每隻河狸的「基因組」中，儲存和傳輸了數位現實的相關基因。換言之，在很久以前，哺乳動物綱

在河狸屬的基因組中添加了一個數位現實的衝動和信號，以協助河狸屬動物和其他大型動物的繁殖。如果你是一隻河狸，能讓你成功表現得像一隻正常河狸的過程，取決於你能否取用內建於基因中的數位現實，以及你的物種在數以百萬隻早期河狸祖先的生命中，不斷演化建構和修正的基因組。

隨著這本書逐漸發展下去，我們將談到更多「智人」（*Homo sapiens*），而非其他種類的生命。這並不是因為人類很特別或人類大體上更聰明一些，而是因為我們可能天生對自己比較感興趣而已。

理解是生命的決定性過程。在 DR 理論中，理解是只有「生物」才會做的事。然而若只把理解歸類在「生物的範圍」，所能理解的規模便遠小於「生命的範疇」，就像我們只能在表面上看到「螞蟻理解糖的好處」一樣。

因此在 DR 理論中，我們把理解的結果稱為**知識**，即使理解得很差或不正確，也都算是一種知識。

在 DR 理論中，只有生物才能擁有知識。其表現是生物會傾向以某一種方式而非另一種方式（即邏輯學上的 A 或非 A）來行動。許多哲學體系把知識與事實混為一談，稱之為「非事實的知識信念」（untrue knowledge belief）。這種說法

可能適用於習於辯論的人類，當應用到更簡單的生物的時候，情況就會變得有點尷尬。例如變形蟲會逃避直射的陽光，是因為牠們的基因組知道過多的熱度並不健康（生物擁有知識而行動）。若我們根據這種基於事實或非事實的信念來分析此事，例如大多數人可以毫不費力地理解「變形蟲知道要遠離陽光」的這件事實，但卻無法增加我們對這件事實的理解。

在 DR 理論中所謂的**存在**，包含了一切事物。沒錯，包含了所有船隻、鞋子和密封蠟印，以及我對船隻和鞋子的想法，甚至還可以加上 7 是質數的這個事實。它當然也包括了**數位現實**（剛剛說過生物以基因組將數位現實建構為身體的一部分），再加上它們包含的所有知識。

如果一個生物想要理解某個東西，那麼根據定義，這個東西必須以某種形式「存在」。那些自相矛盾的東西，例如邏輯學入門的「圓形不是方形」的概念，雖然可能只存在於某些人的想像中，但這些概念也一定存在於某個地方，以便讓我們可以試著理解它們。而它們存在的那個地方，就是我所說的數位現實。一切正如畢卡索說過的：「你能想像出來的一切，都是真實的。」（Everything you can imagine is real.）

我之所以如此定義概念的「存在」問題，是因為我們對它的瞭解不多。這些概念就在那裡「存在」著，影響著我們；我們會注意到它們，卻無法理解它們。而為了理解這種存在，我們必須建立一種現實的敘述（數位現實），讓我們的經歷可以根據不同的物件和事件來加以解釋。

請想像一下，我們是一台巨大且複雜的機器裡的零件。我們可以看到並感覺到這台機器推著我們四處走動，也知道如何處理這台機器的各個組成零件，因為我們的祖先寫了一本關於我們「本能」的書，而且我們一出生就擁有這本書。然而這台機器的大部分零件就像詹姆斯（William James，美國心理學之父）所說的，是「精力旺盛又吵吵鬧鬧的一團混亂」，讓我們在剛開始時無法理解。

因此，我們的解決方法是研究我們的經驗，並使用在從自己的思想和感覺中找到的材料，為這台機器編寫一本操作手冊，也就是對「本能」一書的補充說明。我們編寫的手冊可能會把整台機器解釋為槓桿和滑輪結構，因為這是我們可以理解的。而隨著你我繼續成長，我們也不斷重新編寫這本手冊，而且經常必須查閱才能瞭解該如何應對行事。

我們很開心地發現這台巨大的機器，通常會以手冊預

測的方式回應。我們也很慶幸自己在知識和行動上是符合「現實的」（realistic），但事實上，我們是按照自己對「原始形式無法理解的事物」進行描述（更新自己的反應手冊）。也就是說，我們在對一個被建構出來的數位現實做出反應，這個數位現實是我們當前「存在」的一部分，而不是我們的身體或我們試圖理解的這台機器的「原始」成分。

如果我們真的進行剛剛說過的「機器操作手冊」練習，可能很快就會發現我們必須理解三種截然不同的事物：

- 幫助我們瞭解這台機器的個人經驗；DR 理論稱之為**行為**（behavior）類型；
- 這台機器作為一個**物理**（physical[3]）事物；
- 使這台機器運作的抽象原理，DR 理論稱之為**理想**（ideals）。

3　譯注：physical 是數位現實的三大類型之一，內容用例貫穿本書，惟 physical 可表示的意義相當廣泛，中文常見**翻譯**包括物理的、物質的、身體的、肉體的、實體的、實物的……，泛用在影響到人類本體或各種外在實體的形容。因此除常見用詞如「身體感受」之外，本書均將 physical 譯為較合適的「物理的」用法，以符合本書論述方式，特此說明。

「行為的、物理的、理想的」這三個形容詞像主線一樣貫穿整個 DR 理論。三者在最初是以我們理解存在的三種不同「方式」出現，但在結束時，將以數位現實的不同「類型」出現。有些哲學家畢生致力於將三者合而為一，然而正如 DR 理論想解釋的——就是因為存在不只一種，而且存在的本質也不相同，才讓人類的知識能夠發揮作用。

建構數位現實

　　因此，DR 理論的目標是解釋地球上不論任何型態或表現形式的生命，到底如何完成理解「存在」的任務，亦即理解包括生命和與生命相互作用的每個物體或事件的「存在」。這種建構數位現實的答案，聽起來可能有點太過僵硬刻板，因為你我的生命，難道不是關於想像力、希望、愛和許多其他無形事物的集合嗎？沒錯，當然如此，但所有這些對生命添加的形容，都是數位現實所包含的理解知識下的副作用。DR 理論會更深入探討在一般情況下，知識如何獲得與儲存、知識的分界點在哪裡，以及知識的未來會是什麼樣子？要回答這些問題，我們就必須瞭解以下這句用來解釋 DR 理論重點的術語——建構數位現實。

DR 理論所使用的術語**建構**（Constructing）就像「理解」一樣，都屬於只有生物才能進行的活動。DR 理論更進一步指出，正如公理化集合論（axiomatic set theory）[4] 所定義：試圖理解存在的每一個建構中的結果都是一個**集合**，亦即一種可以被歸類為**數位現實**的集合。

　　何謂「集合」（set）？集合指的是一組被稱為元素的事物，被視為單一物件。例如將一把刀和一把叉子放在一起，可稱為一套「餐具」的集合。刀本身也可以是集合，因為我們可以把刀片和刀柄視為個別元素。把刀片和刀柄放在一起製成刀，便屬於一種建構行為，而且人類在五千多年前就已經製作出刀子。

　　當我們建構一個集合時，可以把個別元素的「集合」理解為一個新物件。但很奇怪的是，一直要到 19 世紀末，這種簡單的集合操作才被認為是人類思想的基本單位。時至今日，集合論也被認為是數學「基礎邏輯」的一部分。在集合論的一系列公理支持下，集合論便能接近人類思想的最終基礎。更實用一點地說，集合論就是編寫電腦程式

4　譯注：為防止悖論產生而在集合論中規範的各種基本公理，稍後會詳加解釋。

時不可或缺的「邏輯工具」。

每個集合都與集合中的任何元素在類別上有所不同，這是邏輯學家花了很長的時間才瞭解的關鍵事實。例如前面所說的，在刀的集合裡，刀並不是一種刀片，當然也不是任何一種刀柄；刀是以「集合」形式呈現了自己獨特的現實。刀本身當然也可以用跟「刀片和刀柄的集合」不同的方式，被歸類到其他集合中，例如刀也可以是工具集合、武器集合，或是雕刻工具集合等各種集合裡的元素。

一旦用集合來分析數位現實，就可以將「公理化集合論」作為 DR 理論的邏輯基礎；這是相當合理的作法，因為 DR 理論的原始思想其實很容易就會被描述為集合，或是集合的元素。舉例來說，不同的「存在」，可以當成數位現實集合裡的不同「元素」；而各種數位現實「類別」的集合，則可作為我們的理解基礎（還記得生物建構數位現實的目的是為了理解吧？）。因此，集合論可以幫助我們以有意義和有效用的方式，整理我們所獲得的「知識」[5]。

5　譯注：對讀者來說，一次吸收如此多的術語可能很難消化。在此大致整理一下：生物建構數位現實的目的，是為了在面對新狀況時加以理解，因而獲得知識並把知識內化到自身（基因）中。而數位現實的建構「方法」，便是使用「集合」的各種

當初要為集合論設定一系列公理的主要原因，就是要將集合論的運算操作，限制在不會造成矛盾（悖論）或不合邏輯的集合範圍內。當你學習「策梅洛—弗蘭克爾公理」（Zermelo-Fraenkel axioms，簡稱 ZF 公理）時，就會發現將事物組合成單一物件的常識性作法，是所謂的合眾為一（e pluribus unum，美國國徽上也有這句拉丁文）。請想像一下，如果你有一堆硬幣，並且想用這些硬幣創造出某些特定現實（集合）的狀況下，你可以把硬幣分成三組：一分硬幣、五分硬幣和一角硬幣；或者也可以建構出多種組合，讓每組硬幣加起來剛好都是一美元；還可以從這些同樣是一美元的組合中，建構出幾種不包含一分硬幣的組合（全用五分、全用一角或用五分加一角的硬幣……組成一美元）。這些組合都可以用上 ZF 公理，來協助你證明這些硬幣組合的真實性，例如「如果一美元組合包含一分硬幣，就會包含至少五個一分硬幣」（否則無法剛好構成一美元）等等。儘管這堆硬幣一開始並不是真正的類比連續體（continuum）[6]，但我

「類別」來理解事物。數學上的集合論帶有一系列邏輯「公理」，正好是電腦程式運作所需的邏輯工具。

6　譯注：在概念上或實體上可區分成數個可察知的組成部分，但組成部分之間並無明確界線、難以分割。

們可以看到，只要把這些元素分類並分組到各種「集合」中，便能產生光用看的並不容易明瞭的各種新「知識」。

　　數位是「類比」的相反詞。在 DR 理論中，這兩個術語都代表著我們周遭世界的特定特徵。由於這種特徵相當基本，以致 DR 理論將其當作區隔「現實」與「其他存在」的主要「分離器」（separator）。「存在」本身是一種類比的連續體，我們體驗著它，它也影響著我們，但我們並非靠體驗而理解存在。「現實」則是數位化的，也就是我們說我們理解世界時所採用的方式。因此，將「類比存在轉換為數位現實」是生物不斷關注的問題，也是讓我們認識世界的行為，更是我們得以生存的必要舉措。

　　到底是什麼原因讓原始的類比存在和建構的數位現實有所不同？比較常見的答案是：數位世界是離散不連貫的，類比世界則是連續的。這兩個世界的差異，通常表現在描述它們的難易程度。一個離散的世界可以透過列出它所包含的事物來加以描述，這些事物或多或少都是比較明確的。然而描述一個連續的世界，必須涉及以多種方式對其進行測量，才能瞭解其中的狀況。而且我們通常只能進行「定量分析」之類的測量，因為連續體不包含可辨識的部分或內部的清楚分界。

舉例來說，一大罐冰塊可以藉由計算冰塊的數量來描述。如果冰塊融化了，就會變成一罐水。一罐水和一罐冰的重量與成分看起來可能完全相同，但計算冰塊的數量，一定會比測量和分析水的成分來得更容易也更明確。

　　對「科學家」來說，水並非連續體。水是由稱為分子的小零件所組成，分子又是由更小的原子零件所組成，依此可以不斷往下分解。大多數物理學家認為，越來越小的粒子模型是以離散的事物作為終點，這些事物並非集合體，而且也不是完全連續的。然而，DR 理論認為水是以某種最終形式存在，因此必須將水視為一個連續體。你可以用不同方式測量水的性質，例如質量和能量等，但不能計算它的任何組成分子。所以為了方便起見，DR 理論將水視為類比存在。

　　從上面的例子來看，當我們的目標是「理解」時，類比和數位之間的區別可能非常重要。理解類比存在的區域（分析一罐水），可能是一個永無止境的過程，然而理解數位現實的區域（計算冰塊數量），絕對可以更快速而肯定地完成。由於生命的進展主要是對周遭世界做出決定，因此數位知識更加有效且更實用。

　　數位知識的效率，也展現在生活中對應特殊情況的

能力上，動物飛行就是一個很好的例子。經過幾百萬年的演化，鳥類已學會在地球大氣層高效飛行與翱翔，地球大氣層是以連續體形式呈現給鳥類的一種介質。大多數情況下，鳥類是透過對類比刺激的類比反應，來駕馭複雜的升力和阻力機制。然而，鳥類偶爾必須面對人類飛行員所說的升降氣流、氣穴、熱氣流等異常現象。雖然這些現象大部分都看不到，卻是在適合水平飛行的介質連續體中，可以數位識別出來的例外物件。因此，正如人類飛行員學會的做法一樣，鳥類也是透過數位化的反向操作加以應對。

然而，鳥類與人類的區別，在於鳥類的「飛行學校」已開創了幾百萬年，裡面的課程都是透過過去學生能否生存下來學習而來的，這本教科書就編寫在鳥類的 DNA 中。關於「正常飛行會遇到的例外情況」這類重要的鳥類知識，現在便是以數位方式編碼在鳥類的本能反應中。電腦程式人員會稱它們為「非同步中斷」（asynchronous interrupt，與正在運作的程式無關的外部中斷）。對於每個物種來說，理解這些例外狀況的應對方式，與理解飛行本身一樣重要。

現實包括了生物所能理解的整體。我們和其他生物都不斷地與存在互動著，為了理解這些互動，我們建構並理解了現實。

為了更方便分析，DR 理論討論了許多不同的現實，每種現實都像是一個知識庫。例如從 DR 理論的角度來看，河狸建構並維持著一個代表其建造水壩的現實，而住在附近的人類所建構的，則是一個與河狸的傑作有點不同的現實。

　　由生命建構的每一個現實，都屬於存在的一個新部分，也就是生命可以理解的部分。請想像一下，有一隻河狸正面臨一場會沖走巢穴的洪水威脅。河狸並非水文學家，牠主要是以類比方式體驗每一場洪水，並將其視為一連串的生存威脅。不過河狸是建設者，所以牠知道如何使用數位現實的木棍和樹枝，來應對洪水的威脅。事實上，河狸應對存在的方式，就是在現實中建構新的「可理解」結構來對應存在，這就是生命的典型反應。

　　人類處理洪水的情況則要複雜一些。我們會先從測量開始，經由測量創造出數位現實──幾公尺深的水，亦即一個我們可以理解的物件。然後我們用數位方式計算出必須做出什麼對應（某些水利方法）來抵銷洪水。河狸在天性中對洪水的測量，只會產生類似 1 或 0 的二進制數字反應，亦即測量水位是否過高或還好。人類則會產生一個更複雜的數字，確實衡量水位到底有多高，但兩者的最終效果是

一樣的（都是用數位現實來解決問題）。

視覺化現實的建構。藉由建構數位現實來理解存在是什麼感覺呢？為了方便說明，讓我們回到 1980 年代平面顯示器問世之前的陰極射線管（CRT）電視機時代。在 CRT 電視上，圖片是藉由一個快速移動的光點繪製：一個點可以呈現黑白畫面，三個點可以呈現彩色畫面。點的強度會隨類比信號變化，移動的光點就像耕耘機耕地一樣來回地移動。CRT 每秒可以掃描繪製三十次完整畫面，連續畫面的形成是藉由前一幀畫面與下一幀畫面之間的差異來呈現動態。而為了抑制動態模糊，高品質的 CRT 螢光粉（磷化物）通常具有最低延續性——讓螢幕上的光點在每個位置只會短暫點亮，接著打上光點的光束就會在微秒時間下移動一公釐左右，到達下一個光點位置。

無論在任何時間點，這種早期電視螢幕上出現的畫面到底是什麼呢？其實是一個平順變化強度的光點而已。然而人們專注於那個類比的小點，甚至大為著迷。他們從這個移動光點看到了披頭四樂團（The Beatles），也笑看著露西鮑爾（Lucille Ball，美國著名喜劇演員），還看到人在月球上行走。他們看到和理解的並不是一個來回掃描、忽明忽暗的光點，而是電視攝影機拍攝的人和物等離散事件的數位物

件。由於人類視覺進行了自然的類比—數位轉換，因此觀看者透過在腦海中建構離散視覺物件的現實，來理解所看到的類比光點。

雖然 CRT 螢幕目前多半已被平面顯示器所取代，但它們依賴於相同的光學原理。從這些被顯示或刷新的類比顏色片段中，人類視覺建構了一個由離散而移動的物體所組成的世界。這是可行的，因為動物視覺的演化目標從來不僅僅是為了看到光，它的目標是使用光和顏色作為線索來識別物體。而這些線索通常極為短暫，例如消失在樹林裡的一條尾巴，或者是灌木叢中的一道閃光。

因此，人類在這種將存在的視覺亂象「數位化」為可知的現實方面，已變得更為聰明。

理論的優缺點

描述 DR 理論的一種方法是：它正試著藉由融合我們在 20 世紀學到關於多媒體數位化、生物演化和公理化集合論的知識，徹底「更新」我們在大學傳授的正統「學習理論」知識。這種「更新」意味著必須放棄一些歷史悠久的正統觀點，因此 DR 理論對我們過去為這個世界進行「理論

化」的方式提出了一些改變。你可以視之為一種「哲學」權衡，其目的在於擴大我們的知識領域，並協助解決其中的某些問題。以下要討論的便是這些重要的權衡部分。

理解 vs. 客觀性：傳統理論的目標是客觀性，亦即俗話說的：「無論可能導致什麼結果，都應該遵循事實。」而在 DR 理論中，我們無法獲得存在的事實本身，因為它們被埋藏在類比存在的連續體中。所以最重要的反而是我們必須認知：當這些事實影響到我們的時候，我們到底如何理解這些事實？由於我們的理解將決定我們會做出什麼回應並且取得多大的成功，因此我們可以持續追求更好的理解，而這種理解必須涵括不同的數位演算法。但我們所理解的仍將是數位化的類比存在，而非存在本身。

哲學家內格爾（Thomas Nagel）在他的經典論文〈成為一隻蝙蝠是什麼感覺？〉（'What is it like to be a bat?', 1974）中，解決了類似的問題：

> 「我想知道對蝙蝠來說，成為一隻蝙蝠是什麼感覺。然而每當我嘗試想像這一點，我就被限制在自己的思想資源裡，而這些資源並不足以完成這項任務。」[原注1]

這種想像的限制來自一個事實，亦即因為數位現實（「成為一隻蝙蝠是什麼感覺？」）是被我們建構出來的，所以會傾向於回應我們的需求（「是什麼感覺？」）以及它們所數位化的存在領域（「如果我成為一隻蝙蝠」）。因此對我來說，只靠體驗原始的類比存在（如蝙蝠的聲波），並不比體驗成為蝙蝠的感受（「想像」）更容易理解。

　　科學常把「客觀性」視為真理的黃金標準。牛頓聲稱他並未做出任何假設（而是都依據客觀知識）。然而在科學研究中，若不先做出假設（「想像」），幾乎不可能發現任何事實。所以牛頓的意思是在他使用假設來尋找客觀知識後，放棄了假設。

　　對於客觀性最重要的測試，就是無論你是否想要，它都會出現在我們面前。例如我可以想像自己在森林溪流中釣魚或在浴缸裡泡熱水澡，隨心所欲地想像出這些經歷。不過，我通常也會意識到自己實際上並不在森林裡或浴缸中。然而，正如笛卡爾說的，我想像的事實本身對我來說是真實的。我可以控制這種想像的事實，因為我通常可以隨意啟動或停止這種想像。假若是有人「拿大頭針釘在我身上」的情況，這種經歷通常不會管我的意願或想像如何，而是會直接強加在我身上。

因此我唯一理解被針刺的方式，便是把一個難以對應的客觀世界，也就是與我的經歷與意志完全不同的世界加以「實體化」。在這種離譜命運之下遇到的彈弓和箭矢經歷，會讓所有生物全神貫注。在有意識的想像中，人類可以擁有一個遠離客觀現實的避難所，但大多數其他形式的生命，幾乎都只能直接跟外部世界打交道。

從針刺和所有類似的情況中隱約浮現了一種概念，亦即我們的所知所見至少有部分是由「客觀的外在世界」所組成。這種客觀性也使外在世界成為我們尋求理解的物件，但我們依舊覺得外在世界並無法窮盡我們所知的現實。至少就人類而言，一個獨立的內在或主觀世界，一個我們更能控制的想像世界，也是每個人現實裡的一部分。

為了說明這種差異，讓我們回到物理學家對固體物質的描述。科學已將我們的觀察改進並限縮到讓我們相信，科學儀器可以向我們展示最小的物質，亦即次原子粒子的特性。每當我們分解一個固體物質，如木頭、金屬或任何我們觀察的東西，都會看到同樣的微小粒子。此外，我們似乎也已成功分離並提取出這些粒子。我們甚至可以使用粒子加速器，讓它們從一個固體的物質上脫離，植入另一個物體中。當科學家進行這種操作時，就可以預測變化是

因為粒子的組成改變，而讓固體物質的屬性產生了變化。舉例來說，早在 1919 年，拉塞福（Rutherford）就利用 α 粒子轟擊氮氣，而將氮氣轉化為氧（經核反應而嬗變為氧的穩定同位素）。最後，物理學家甚至還可以透過薄膜和雲室記錄粒子的運動，並以圖示來顯示它們如何進入和離開固體物質，在空曠的空間中相互作用。科學家對這所有一切都自信且規律地完成，他們處理這些微小的粒子，幾乎就像我處理放在桌子上的鉛筆一樣容易。所以，他們對現實的描述當然是正確的！

但現在讓我們離開物理實驗室（因為那裡的粒子被純淨地隔離在真空中），嘗試把物理學家的現實畫面應用於普通事件上。我從辦公桌上拿起一支鉛筆，這支鉛筆感覺又硬又光滑，我該如何將這種觀察轉化為關於粒子的描述呢？物理學家應該可以斷言，這種陳述可能非常冗長而複雜，但原則上是可以描述出來的。他們會從鉛筆表面開始講起，有數以萬億計的帶電粒子位於其中，每個粒子都在一個小軌道上移動，而且是被位在鉛筆內部更遠處的粒子以靜電力（electrostatic forces）緊緊拉住。我的手指表面同樣也是由帶電粒子組成，當這兩個表面相互碰觸時，電荷會相斥（因為帶相同電荷）。由於鉛筆中的粒子比我手指中的粒子更有

利於細胞結構的分布，所以當我的手指變形時，鉛筆依舊保持堅硬。而手指的變形導致我手指中的某些神經末梢釋放出帶電粒子，這些帶電粒子附著在附近的原子結構上，導致更多帶電粒子被連鎖釋放到更遠的地方。如此一來，一連串的帶電粒子釋放事件，就會沿著神經傳播到我的大腦。而大腦接收到此事件的發生過程，並解讀為我的手指碰到硬物的訊息。結果就是我感覺到鉛筆很硬。

這樣的解釋有多正確呢？假設我在拿起鉛筆之前，正好拿著一個冰塊，以致我的手指麻木了，感覺不到鉛筆的硬度。物理學家可能會解釋說，我手指中某些粒子的運動狀態因冰凍而削弱，從而抑制電荷逸散入我的神經通道。然而若我們再假設，我剛剛被催眠而相信鉛筆是一條蟲，所以覺得它是軟的而不是硬的呢？物理學家對這個情況的解釋可能就不太肯定了，也許是某些帶電粒子在我的大腦中遷移，阻擋了從我的手指進入神經末梢的粒子傳遞？還有，假設現在我回想起一個夢，在夢中我感覺到鉛筆的硬度，但實際上並沒有真的鉛筆，這時物理學家可能就必須說：「我們已經進入心理學的領域了，這不是我的管轄範圍！」

然而，這些就是對我來說最有用的知識，也就是當

硬度是一種「幻想」時，到底在什麼情況下會感覺鉛筆很硬，以及硬度的感覺與我接觸鉛筆的方式有什麼關聯？用粒子來解釋可能有點趣味，但當我將問題擴展到這些不同層面時，用粒子來解釋就變得非常繁瑣而模糊。也就是說，它在「原則上」的適用性已成為一種空洞的承諾了。

數位 vs. 類比：我們所生活的世界，包括我們自己在內，都是在類比互動上運作。然而，在我們理解這個世界之前，必須先將它數位化。這是因為我們是生物，而我們的生活已演化到將數位物體和事件，看得比類比世界的影響更為重要。我們的知識是來自建構出來的數位現實，而非類比的原始資料。現代電腦之所以也是如此運作，便是因為它們的設計師出於意圖或本能，從生活中複製了這種想法。

在過去幾十年裡，「類比」和「數位」這兩個名詞，已從電子技術中特有的術語，轉變成從照片到生活風格的一種時尚標籤。電腦最初被設計時，處理的是數位化的輸入，包括開關、鍵盤、打孔卡或磁帶等等。每當某個鍵被按下或打孔圖案被讀取時，電腦便將這些各自獨立的動作轉換為一組二進制數字，寫入用來儲存二進制數字的電子紀錄器中。舉例來說，當你按下鍵盤上的 R 鍵時，就會輸

入五個二進制數字 01010 到電腦中。這種位元模式（後來被稱為「二進制位元」），代表博多碼（過去電報用的編碼）中的字母 R。經處理後，便可在紙帶上打孔記錄下來。紙帶通常有五行，電傳打字機可用機械方式感知孔洞，再依樣打出可讀的文字。

當時也有接受類比資料輸入的類比式電腦，其輸入方式通常是運用不同的電壓變化。這些電壓一般是以其他度量的形式呈現，如溫度、壓力、罐中液體的液位高低等。這類輸入被稱為類比，因為電壓與它們測量的類比度量並不相同，例如電壓−0.1 伏特，代表華氏升高 1 度之類。

有幾種原因讓數位的處理方式，很快就勝過類比處理：例如，類比訊號在透過「電線」傳輸的過程中，會遇上逐漸衰減劣化、難以儲存，以及必須定期重新校準等問題。因此，將計量來源轉換成數位方式的需求不斷增加，因為轉換後便可運用數位方式來處理資料。然而一般感測器如熱電偶（將溫度轉換為電位差）和應變計（以電阻測量變形壓力），本質上是類比形式；要設計出一種裝置，能直接將用類比方式測量出來的溫度轉換為數位形式，這並不容易。不過，倒是很容易設計出一種裝置，可將不同的類比計量轉換為各種電子訊號。因此，解決方案就是設計各

種感測器，直接把溫度、壓力等計量轉換為不同的電子訊號，然後將訊號輸入「類比／數位（A/D）轉換器」中。這種「類比—數位轉換器」可以週期性地把不同變化的電子訊號，轉換成數位位元（digital bits）模式。如此便可在不會衰減變動的情況下，進行資料的遠距傳輸。

任何電腦工程師都會告訴你，「類比／數位轉換」永遠不可能做到完全，也不會絕對準確。典型的例子是「點陣圖」（bitmap），亦即把靜態圖像加以數位化。數位相機會把圖像劃分成排列為直線網格中的小點，並指定一個二進制數值（色號）來表示每個像素的顏色。像素越密集，數位渲染（render，俗稱算圖）出的清晰度便越精細；色號的範圍越大，其色調就越逼真。生物眼睛的視覺運作也是如此，通常也像是使用了某種形式的點陣圖。與一些鳥類相比，我們的視覺數位化能力只能算是次等。例如老鷹的視網膜中央凹，每公釐的感光錐數量是人類的五倍；鴿子則能分辨比人眼更多的顏色深淺。我們認為鳥類對圖像的數位化能力是「需透過大量視覺導航、並從遠處觀察世界」的動物必須擁有的能力。

結構 vs. 測量：由於知識是數位化的，所以知識是用來理解事物和事件的結構。我們的感官和工具會不停地測量

世界的各種屬性，產生各種類比的測量數值，但隨後我們會將這些測量加以數位化，以協助建構我們認為它們所代表的客體物件。因此，若要理解我們建構的現實，最佳方式便是透過跟客觀物件有關的集合論，而非透過跟數字有關的數學。這種方法也進一步證明了數學的基礎可以用集合論來解釋，反之則不行。

當牛頓透過他的望遠鏡觀察時，他看到了移動的物體，他的世界充滿了藉由重力相互吸引、被迫移動、保持慣性運動的事物。但在預測這些影響時，牛頓遇到了問題——那個時代的數學擅長計算靜態屬性，例如重量和力，但當它們發生變化時，卻缺乏更好的方法來描述類似的屬性。

這種問題在牛頓的時代相當普遍，因此他和德國數學家萊布尼茨（Leibniz）都著手創造一種全新的數學工具，這種數學在當時被稱為「無限小數」（Infinitesimal calculus，即後來的微積分）。它的基本想法是：當我們測量一個變化事件中相當微小的一點時，可假裝變化裡的每一點都是靜止的。我們可以對這些小點進行數學分析，而不必擔心你的基礎資料正在變化。因此，要測量整個事件，只需把所有無窮小的測量值加在一起。最後的結果就是可用來描述

「不斷變化的現實」的一幅靜態數學圖像。

在整個 19 世紀中，數學家將微積分應用在越來越多的物理現象上。實驗者發現，電和磁會產生吸引與力，就像重力和運動一樣，因此也可以用相同的數學工具進行分析。而在 20 世紀來臨時，愛因斯坦展示了空間和時間如何與這些類比現象相互結合，並把一切都包含在著名的公式中（即 $E=mc^2$），該公式將能量和質量與電磁輻射的時空傳播速度串連在一起。

這些物理效應都可用「場」（field）的概念來建立模型；在現代物理學中，「場」在數學上可被定義為一組封閉在某組函數下的「量」。這些量是我們能在「場」的任何部分進行物理測量的量，包括測量時空位置、質量、電荷等，也就是可被視為場中所有可能物理事件的決定因素。這組函數以緊密連續的方式將這些「量」相互關聯，因此我們可以抽象地描述它們的相互變化。

通常我們對其他量到底如何隨時空位置變化特別有興趣；因此我們以「張量」（tensor）[7] 來表示這些量，為時空的每個點分配一組測量值，就好像有一個微小的觀察者正

7　譯注：類似於向量，可以用來描述物理量的函數表示法。

在報告在那個點的物理行為潛在能力。請注意，張量本身並不能理解為「有形」的物理存在；相反地，它們是用來描述該領域的行為。這種作法非常注重場的封閉性，以此確保「場函數」不會描述任何實際上無法進行的測量。

然而這種「場的理論」可以解釋所有實體存在的說法，與 DR 理論的中心論點——我們以數位而非類比的方式理解現實——互相衝突。因為離散粒子在任何場論中，都會顯示為「奇點」（singularity，單獨條件）而非一組測量值。然而就存在而言，奇點違反了場的封閉性。愛因斯坦為物理學制定統一場論的嘗試從未停止，因為他無法實現引力和電磁效應的單一封閉性表示。儘管如此，他確信粒子在場論中的作用：

> 然而，在我看來可以肯定的是，在任何一致場論的基礎上，除了場的概念之外，不該帶有任何涉及粒子的概念。整個理論必須完全基於偏微分方程以及無奇點解。（原注 2）

DR 理論會把愛因斯坦試圖「只以場的術語來描述次原子存在的嘗試」，描述為試圖創建一個完全脫離類比測量

的存在模型。這樣的模型或許有可能，在數學上也可能說得通，卻無助於我們的數位理解。

理解和預測。描述過去兩個世紀科學如何進步的方式之一，就是把「理解」與「預測」進行比較。這兩者是相互關聯的：理解世界如何運作，有助於我們決定如何預測未來將會發生的事。預測乃科學進展的重點所在，而且預測通常基於測量的結果。天文學透過預測天體位置來協助導航；物理學透過展示熱能如何產生壓力，協助工程師設計出效率更高的發動機；地質學則透過礦物與地層的關聯性，協助探礦者找到礦物等。雖然理解現實可以滋養我們的智慧，然而透過預測的過程，我們才能獲得實質收穫。因此，科學更傾向於重視測量結果而非理解上的描述。

日常概念裡的各種事物和事件，在我們對現實的共同看法中已根深蒂固。一旦為了滿足數學需求而將它們擱置一旁，似乎妨礙了我們對於理解的追求。對此，電腦科學家索瓦（John F. Sowa）簡單地做出總結：

在現代物理學中，自然的基本定律可用偏微分方程式（Partial differential equation）的連續系統來表示。然而，人們在談論和推理因果關係所使用的詞彙和概念，

卻是用與物理學理論沒有直接關聯的「離散術語」表達。其結果就是物理學家描述世界的方式與人們一般談論世界的方式，兩者之間出現嚴重分歧。^{（原注3）}

在其他的物理場論如「量子場論」（quantum field theory）中，便將次原子世界表示為充滿重疊場的空間。這些場當然都是真實的，它們在被「激發」的點上以粒子形式出現。DR 理論會將這種情況稱為「嘗試把數位理解轉換為類比存在」，因為把一個粒子散布在它影響到的整個空間裡，並不能將其數位化──只能試圖證明你的類比測量是正確的。

與計算的關係

如果你熟悉電腦科學的話，DR 理論應該會引起你的興趣。現代電腦系統所做的就是建構數位現實。數位化這個動詞是在 1950 年代創造出來的，用來描述資料如何準備好進入電腦中。智慧型手機或桌上型電腦處理的所有類比資訊都被數位化為「位元」（bit），以便讓這些設備可以「理解」。

我們可以將電腦內的位元視為一種新的數位現實，而且是模仿自生物建構的數位現實。它是為程式人員所設計的現實，具有自己特有的知識物件。同時，它又是一個受存在制約的現實，因為它的結果必須能在外在世界起作用。

　　例如當我們分析軟體世界的所有變化差異時，便會發現貫穿其中的一些共同發展軸線。其中一個軸線是它們被劃分成不同類型的物件，亦即讓軟體設計人員細心分別處理的物件。這些類型通常稱為資料、程式（或代碼）和演算法。我們可以把它們與生物建構的物理、行為和理想類型的數位現實進行類比。

　　資料是由「真實世界」物件的數位代表所組成。電腦資料的一個簡單範例就是點陣圖，它所展現的是電腦系統用來呈現靜態圖像的一種方式。若要製作點陣圖，可使用掃描機或相機等數位設備，以網格分割的方式，測量來自原始圖像上每個點的光。雖然沒有絕對的方法可以把顏色轉換成數字，但目前已建立了幾種顏色標準。最常見的是RGB，即透過顏色中包含的純紅色、綠色和藍色的數量來表示顏色，就像在混合顏料一樣。對於一般顏色的呈現，如網頁的圖片顏色，在實際儲存或傳輸的數字上，通常是

使用從 0 到 255 的三個 8 位元二進制數值。若要呈現更複雜的顏色，可以先為一組圖像定義一個調色板。這種調色板在特定區域（如膚色或植被等），定義了可處理數量下更精確測量的混合顏色，讓網格上的每個點最多可以選擇262,144 種顏色數量。所以在數位世界裡，蒙娜麗莎便以這種方式變成了一堆資料數字。

程式用來將某些資料轉換成其他資料。通常來說，我們可以藉由反轉原來的數位化步驟，將轉換後生成的位元，還原成現實世界的數字、聲音、圖像等。程式是由時間順序驅動，看起來就像有機行為一樣，會在電腦時間遞增下按順序執行。程式人員使用時間術語來安排程式元素：先做這件事，然後做下一件事。

程式對電腦內部的數位資料到底做了什麼？它們通常會把資料位元分組為變量，再將標識符（identifier）附加到分組上，並使用標識符對位元執行操作。舉例來說，每個變量通常都有一個類型，該類型會解釋該分組內的位元代表什麼，例如這些位元數位化了某個數量或某張圖像等。程式人員經常將位元組組裝成資料結構，而資料結構會被設計為陣列（array）或層次結構（hierarchy）。將所有資料分組與標記後，電腦對位元的實際轉換，便歸結成一組相對較

小的操作，包括執行計算、應用「位元邏輯」（bit logic），以及將位元從一個變量複製到另一個變量等操作。

　　演算法是以有效的方式處理數位資料，然後產生其他數位資料的一種常用技術。為了幫助人類理解演算法做的事，我們可以說演算法經常是以「栩栩如生」的方式呈現的；但是當我們將這種「擬人化」呈現的部分抽離後，任何演算法都可以簡單被描述為：一種將位元集（sets of bits）轉換為新位元集的方法。演算法透過指定對位元執行的計算或邏輯運算的模式，來實現這種轉換。例如目前已發表的幾種用於搜尋資料結構、查找特定位元模式的演算法，包括了「二分搜尋演算法」（binary search algorithm）、「線性搜尋演算法」（linear search algorithm）和「樹搜尋演算法」（tree search algorithm）等；每種演算法都是一個理想的模式，可導引程式人員完成編寫軟體的任務。

　　演算法獨立於執行它們的程式之外。大多數的演算法都可以由不同程式語言編寫的程式執行，就像一個想法可以用多種口語來表達一樣。然而，執行相同演算法的程式之間的差異，不光是口語表達的問題而已，因為不同的程式語言，通常會在輸入電腦的機器代碼中產生不同的指令序列。

可以把演算法表達成一種「理想」。它們遵循控制數值理想化的邏輯和數學規則，而且它們也是抽象、持久且內部一致的。演算法通常是電腦程式設計中的知識產權，它們是程式的邏輯模式，具有商業價值。

資料、程式和演算法這三種物件，在軟體世界中是獨立而不同的，就像病人、醫生和治療方法在醫學世界中的情況一樣。對於讓電腦程式進行有意義的工作來說，這些物件都是不可或缺的，但每種物件可以獨立開發。資料可以在任何程式中存在並在執行之前事先收集；程式是為了處理各種資料而編寫的；計算用的演算法則通常使用諸如流程圖之類的工具進行抽象的設計，然後再簡化為可運作的軟體。

證明理論有效

該如何驗證 DR 理論呢？許多理論會引用重要的實驗或廣泛的研究，作為其有效性的證明。但從哲學家的角度看，這些證明只證明了理論有用，而非證明它絕對正確。DR 理論正處於這樣的位置，它的認證與否取決於它如何幫助我們理解世界，而不是在它計算物理量測量值上的準確

性。

DR 理論也承擔著二元論的基本負擔。自笛卡爾在 17 世紀倡導身心二元論（mind-body dualism，可以調和當時的自然神論）以來，哲學家一直被各種涉及現實中多重分裂的「本體論」（Ontology）[8] 給嚇壞了。這類系統的問題可以歸結為回答「我們到底生活在多個世界裡的哪一個世界中？」，以及「我們如何從我們所在的世界進入另一個世界？」等問題。

對於這些問題，DR 理論提供了簡單而可信的答案：我們生活在一個類比的存在中，它會影響我們和其他生物，並影響與我們互動的一切事物。然而，當我們想要理解那個世界並與其合作時，我們會就會使用一個或多個自己建構的數位世界，亦即 DR 理論所稱的「現實」。生命花了四十億年的時間，讓我們的數位現實能夠重現類比存在，並在更基本的工具中發展了時間、空間與分類。因此，理解數位現實，就是我們理解任何事物的主要方式。

這種答案可能會引發進一步的問題：若說把類比資

8　譯注：哲學分支之一，研究存在和現實等概念，以及如何把實體事物分類（劃分範疇）等。

料轉換為數位現實，就是所謂生命的祕密和理解存在的關鍵，那麼，為什麼在過去的兩千多年中，哲學家一直沒談論這件事？DR 理論對此的答覆也很簡單：在不到五十年前，人類發明電腦的多媒體計算之前，並沒有任何模型可以向人們展示全面性的「類比—數位轉換」到底如何運作。有賴於電腦工程師的創造力，才能將如何建構數位現實展示出來。時至今日，我們不僅在日常生活中使用數位現實，我們還可以使用公理化集合論來展示它們的底層邏輯，我們已不再被迫依賴類比測量的數學分析，來理解我們所生活的世界。

最後，有些人可能會反對 DR 理論用這種對「心智模型」（mental modeling）的潛在隨意依賴性（「想像」），來取代堅實的外部客觀性（「實際」）。幸好電腦技術上的重大發現，再次給出了答案，亦即數位資料顯然比類比資料更準確、更耐用且更有效（「實用」）。這就是為什麼它演變為生命的選擇，並成為人類的遺產。因為我們在存在中找不到數位資料，所以我們有理由為自己創建出來。

像 DR 理論這樣一種關於存在的綜合理論，就像一套衣服一樣。雖然是每個人幾乎都擁有的東西，但它並沒有任何普世的標準（一定要穿什麼）。它的目的在伴隨日常活動

出現，但幾乎不會有必穿或不能穿的硬性要求。無論是纏腰布（印度）或丹寧布（牛仔布），你的衣著都能讓自己在後續的各種生活方式中感到舒適。這也是 DR 理論的意圖，透過使用集合論和數位知識來解釋生命如何運作，而且可為個人對世界的推測提供一個相對簡單的基礎結構。科學和靈性都可以生活在 DR 理論的大纛之下，而且理解它們如何適應 DR 理論的世界，並不需要一般學術學科必備的專業知識或術語。這就是為什麼這本關於 DR 理論的介紹性書籍，更像是一張路線圖，而非詳細的導遊地圖。

天體物理學家和科普作家愛丁頓 (Arthur Eddington) 曾經構思一個場景，足以帶引出 DR 理論的完整訊息。他說：「我們在未知的海岸上發現一個奇怪的腳印，於是我們設計出一個又一個深奧的理論來解釋它的起源。最後，我們成功重建了留下這個腳印的生物。瞧！原來是我們自己的腳印。」（原注 4）

第二章

理解存在

理解世界的三種類型：行為的、物理的和理想的。

　　生命和理解相互依存。每個生物都會理解它周圍的世界，而且理解是只有生物才會做的事。生活在植物根部的土壤細菌（Soil Bacteria）本身，可能無法有太多的理解；但如果細菌沒有對土壤化學實用上的理解（再加上數以兆計的細菌同類），農業可能會從這個星球上消失。在生物演化的另一端，人類的理解範圍從知道如何玩跳房子，一直到在積分中尋找反導函數（antiderivative）都包括在內。雖然我們的理解有時缺乏深度，但其多樣性相當驚人。

理解的類型

　　生物試圖理解什麼？一切！亦即所有的存在。甚至連我的狗也想瞭解我們居住的房屋和環境、跟主人一起做的

事情、主人希望牠遵守的規則、附近其他動物的特徵和活動情形，以及牠自己的身體機能等。人們可能會認為，對我們理解的事物進行分類的任何嘗試，都會直接導致「單一知識體系」；亦即若我們從日常理解的事物開始，將它們組合成更大的整體，最後難道不會得出最大可能的整體概念體系，包含我們想要理解的一切？事實並非如此，請各位思考一下接下來要討論的三個理解範例：一本書、西洋棋遊戲和一張圖像。

範例 1：理解一本書。我的書桌上放著一本很普通的書，這本書當然也是**物理**宇宙裡的一部分。如果我在書桌上移動這本書，由此產生的引力變化將傳播到整個宇宙，任何地方都能產生微小但可測量的變化。透過這種方式，這本書至少能客觀地與地球及大氣層、我的身體、其他行星以及遙遠的恆星等別的物理物件相互關聯。即使情況並非如此（因為太遠而無法測量），這本書仍將與我所能理解的物理宇宙相互關聯。因此就這點而言，我的意思是我希望這本書會對其他物理事物產生反應。例如我可以拿它來釘釘子、它若砸在我身上可能會留下瘀傷、它可以在空氣中燃燒等等。我對現實的自然理解，將這本書與許多其他事物歸為一類，而這些事物都以我們熟悉的方式相互關聯，

因此這些事物全部加起來就是整個物理宇宙。

一旦這本書位於物理現實中，我就可以根據需要來提供關於這本書的詳細物理特徵。例如它的重量是它以某種方式與我的磅秤相互作用的結果；它的外表是堅硬而矩形的，是它以某種方式與合宜的測量儀器相互作用。將它與其他物理物件接觸後，我還可以進一步確定它是易燃的、可以在水中漂浮等。藉由這些測量過程，我便可以根據它對其他物理事物的實際影響，確定這本書的所有物理特性。

我們從物理上定義這本書，最後就會理解所有可能的知識嗎？這本書與其他物理物件交互作用之後，可被歸類編目的細節似乎無窮無盡、沒有自然限制。不過我已經知道這本書恰好是某個版本的柏拉圖《對話錄》，這類訊息在人類知識的理解中當然佔有一席之地；但它到底會出現在我們對物理描述中的什麼地方呢？

首先，我們可以很確定地說，這本書是柏拉圖的《對話錄》，而非司各特（Walter Scott）的《撒克遜英雄傳》（*Ivanhoe*）。這項事實是一種相當微妙的物理特性，而且跟書頁上的墨水分布情形有關（書名不一樣）。只要有光線從書頁把分布其上的墨水反射到人眼中，就能引起與我們確

定這本書是硬皮、矩形等等性質相同類型的反應。因此，我們會認為這本書是柏拉圖的書，而非司各特的書。

然而，一併發生的問題由此接踵而至。例如我桌上的這本是英文譯本，但若它是一本希臘文的原文書呢？我所接受的是 1900 年後的教育體系，從未學過希臘文，所以無法讀懂柏拉圖的文字，甚至無法區分它與《撒克遜英雄傳》希臘文譯本的不同。即使我的眼睛接收到從書頁墨水反射的適當光線，但我對這本書的這種屬性（希臘文）依舊視而不見。要對這本原文書做出區分的話，就必須把它展示給瞭解希臘文的人看。若真的要將書中內容作為一種物理屬性，就必須使用特殊的人造儀器測試，例如用英語閱讀器來閱讀某些書籍，用希臘文閱讀器閱讀其他書籍等。但我們又該如何區分這些儀器呢？除了它們可以識別某類書籍這個事實之外，沒有任何物理特徵可以讓我們對它們進行分組。因此我們會陷入一種循環，亦即希臘文書籍的某些物理屬性，例如它們的內容，只能由希臘讀者確定。這些希臘讀者與其他讀者的區別，僅在於他們認識這類書籍中的這些屬性；換成英文書、阿拉伯文書也是一樣。

我們可以在自己的物理知識中加入各種細節，包括從書頁反射的光線圖案、墨跡如何形成，書上有哪些符號

標記，以及標記重複出現的程度等。但是當我們試圖擴展知識，將這些標記與諸如書的「主題」、「意義」、「語言」等概念聯繫起來時，我們的知識就會陷入「任意區分」的流沙中。因為從物理上看，本書的這些屬性可能會成為其他物件屬性的「作用」（例如從墨水變成有意義的文字）。書裡的這些屬性雖然被觀察者加以區分，但它們在物理上並無法被分別歸類（例如「主題」無法以工具測量）。

這是否意味著我們必須放棄對任何一本書的內容理解所做的努力？顯然不是。只有當我們「限制」自己對物理現實的理解，這種努力才會失敗。讓我們假設書中內容是這本書的一種屬性，並稱它為**行為**屬性（behavioral property）。透過剛剛在「物理宇宙」中定位這本書的相同程序，我們當然也可以在「行為宇宙」（behavioral universe）中定位這本書的內容。因此我們將這本書與其他行為物件接觸，觀察它們是否也有互動反應。就像前面提過，我們會在天平上測量這本書的重量，所以我們現在也可以描述它的內容，因為它與人類的思維過程有關。我們可以用這本書的內容作為起點，透過理解它的「內容屬性」也是整個越來越大的「實體」的一部分，來探索一個新的現實領域，即「行為現實」（behavioral reality）。

現在這本書的許多新特性陸續湧現出來。除了它是英文的並且是對話錄之外，我們也發現它是哲學性而非敘事性的，亦即比敘事性風格更具論證性等。我們也可以分析它在語言（希臘文版或英文版）的使用、文字表現風格，以及文學評論家經常討論到的所有元素。因此，這些對我們而言相當重要的關於書中內容特點裡，沒有一個可以自然就包含在對於「一本位於物理宇宙中的實體書籍」的任何描述中。

此外，這本「行為」書，即剛剛我們用書中「內容」來指稱的這本實體書，也被發現是一個非常大的行為現實裡的一部分，整個情況就像前述引力例子中提到這本書是一個非常大的物理宇宙的一部分一樣。這本書的內容記載的是蘇格拉底和柏拉圖思想過程的產物，它們是基於公元前 4 世紀希臘文化的對談，背景為地中海和中東文化的傳統影響。而且從此以後，柏拉圖的著作對羅馬和歐洲文化產生了持久的重大影響。包括柏拉圖《對話錄》在內的希臘書籍，協助各地塑造國家制度、建立道德價值觀和決定知識等。我們可以把柏拉圖《對話錄》穿越時空的智慧影響，以及穿越物理空間的物體引力影響進行比較。除了剛剛提到的文化影響之外，還對整個人類行為驅動力、價值

觀、本能和技術等產生了影響。這些影響也進一步與整體生命行為相關聯。不論是病毒或靈長類動物，透過演化樹來看，我們幾乎可以追溯每一種行為傳統的起源，因為相關理論都已被發明且經過改良。

這本書作為探索數位現實全部理解的起點，其無窮潛力已經用完了嗎？答案是還沒結束；至少還有一個宇宙與之相互關聯。讓我們轉向《對話錄》的一篇對話，稱為《蒂邁歐篇》（*Timaeus*）。它的內容先是從《理想國》的一部分進行總結，之後其中一位對話者克里蒂亞斯（Critias）談到了亞特蘭提斯的傳說。雖然依據目前所知，亞特蘭提斯實際上並未存在過，但這裡沒有「理解」方面的問題。從物理上判斷島的大小、摧毀它的地震和洪水、房屋所在位置的泥土等，都是可理解的，因為這些事情指的是我們在物理現實中遇到的各種事物。至於對於行為的說法，例如戰士的勇敢、領袖的寬宏大量等，在我們理解的行為現實方面也同樣可以理解。但問題是，隨後蒂邁歐展開了精心設計的「天體演化學」（cosmogony，指各種關於天體、宇宙起源與演化的理論），包括將恩培多克勒（Empedocles）提出的元素（土、水、氣和火）與現在稱為「柏拉圖立體」（Platonic solid，正幾何體）相互關聯起來的方法。

在許多世紀以前，希臘人已經知道由相同的正多邊形包圍形成的正幾何體。柏拉圖的同時代人泰阿泰德（Theatetus、希臘數學家）就曾描述這些正幾何體，據說也已證明只有五個這種正幾何體。歐幾里德後來將《幾何原本》的第十三卷獻給這些正幾何體，而使它們開始出名。由於對正幾何體在簡單的幾何變換下可分解成其他幾何體的特性大感興趣，柏拉圖便將其中四個分配給當時的傳統物理元素：正四面體為火，正六面體（正立方體）為土，正八面體為氣，正二十面體為水。而正十二面體，則被用來代表整個宇宙。如此便可將幾何上的演算（思考想像的）制定為「每個立體都可分解成其他立體的集合，並平行運用在被認為原本只發生在物理元素之間的轉變」。這些說法都記載在他的《對話錄》中。

雖然這個理論在中世紀盛行了很長一段時間，但我提這個理論並不是因為它所蘊含的解釋價值，而是為了說明一個問題：我們如何理解柏拉圖立體的討論？它們到底是物理現實的一部分，還是行為現實的一部分？

當然，製造幾何形狀的物理物件很容易，例如方糖就是。但是方糖在任何意義上都不屬於幾何立方體，因為方糖並不具備幾何物件所需的「精確」屬性，它的任一面並

非完全平坦，邊緣也沒有精確相接。當我們證明關於幾何物件的定理時，從不參考任何實體的物理事物。事實上，人類用定理來證明幾乎無法用物理方式表示的形狀也同樣容易，例如「超正方體」（tesseract）的情形。當我們想以幾何形狀創建物理物件來幫助視覺化時，很明顯地，它們無法完美。然而與描述的完美相互對應，就是任何需要幾何證明的事物必要的屬性，因此這些事物絕不可能是物理物件（無法將這種概念分毫不差地製作出實體）。

對幾何物件的更微妙的解釋是：它們是行為上的「虛構」（想像出來的事物）。例如在這種觀點中，柏拉圖式的正多面體就存在於人類純「思考」的範圍內。我們對它們（以及幾何、數學和邏輯的所有其他實體）的所有瞭解，都是透過嚴格的心理操作學習到的。只有五種可能的正立方體之證明，並不需要檢查所有可能物理物件的形狀，或以任何方式用感官來實際證明。因為這些正立方體是遵循著邏輯過程的幾何公理，而這些公理是我們安靜坐在椅子上思考所獲得的真理，亦即有些古典哲學家所稱的先驗（priori）知識。由於整個過程都在思考行為中開始和結束，所以我們很自然地假設它只能指稱更多「行為」，例如柏拉圖關於正立方體的諸多陳述等，這些都只是哲學家討論的想法。

不在該領域裡的人，往往無法意識到邏輯和數學學科的廣泛共性，而所有圖書館都努力收藏這些人的討論內容。在 1900 年的一場演講中，數學家希爾伯特（David Hilbert）提出了二百零三個基本問題，作為 20 世紀數學研究背景。其中大多數尚未得到令人滿意的解答，但有些問題已得到結論，亦即它們在目前的概念中無法判定。很明顯地，對於希爾伯特提出的每一個問題，根據目前公認的數學前提來判斷它是真是假或是無法判定的，才是真正的求知方式。然而，這種作法並非對行為的追尋，因為我們無法控制其結果。我們可以影響結果的唯一方法，就是改變我們的定義和公理。然而在這種情況下，就會變成一種新的、不同的思考搜尋。這種思考工作可以豐富我們的理解範圍，但是我們最終的理解既不是物理上的也不是行為上的。因此我們開始瞭解到第三種宇宙，亦即人類在理解上的另一個分支，其中包含了 DR 理論稱之為**理想**（ideals）的東西。

就這層意義來說，「理想」是理解的真正物件。柏拉圖在〈蒂邁歐篇〉提到的正四面體、正立方體等物件，是透過邏輯探索發現的，這些探索也產生了大量別的理想物件。放在我面前的這本實體書，便是理解物理現實的切入

點。而柏拉圖的《對話錄》則是理解行為的切入點，正多面體也為理解理想提供了一個方便（但有點隨性）的起點。從這些正立方體出發，我們便可在許多方向上延伸到幾何、數學、邏輯以及更多東西。

理想的領域當然不限於數字和幾何形狀等實體而已。在 20 世紀裡，強大的語義學（semantics）和符號邏輯（symbolic logic）一般概念的發展，展現出大多數抽象概念如何與我們的理解相互關聯；尤其是遍及古典哲學裡的形式、本質和普遍的概念，與 DR 理論所稱的理想有所關聯。現在我們可以透過對關係、作用和類別的理解，來證明純哲學理想與更嚴格描述的邏輯抽象之間緊密相關。在我們的理解中，它們都屬於同一類。[1]

範例 2：下棋。如前所述，理解事物的方式分為物理的、行為的和理想的三種不同過程，這對 DR 理論來說，可能是致命的問題。因為笛卡爾在 1641 年著名的《沉思錄》

1　譯注：讓我們暫時梳理一下書的理解範例。這本書可從「物理上」理解，例如拿來釘釘子或掉下來打到人。這本書可以從「行為上」理解，例如書的主題無法用物理方式來測量，以及它能帶給後世影響等。這本書也可以從「理想上」理解，例如正幾何體等物件在物理上無法重現，而是透過邏輯探索而發現的。

（*Meditationes*）裡的最大問題，不就是他得出了「思想世界與物質世界完全脫節」的結論嗎？從那時候起，哲學家就在抱怨笛卡爾提出的這種二元論把世界一分為二；現在 DR 理論卻提出數位三元論，那不是比二元論還糟糕嗎？

這問題的答案當然就是：我們目前談論的是「理解」方式，而非談論有形物質。物理、行為和理想就像「理解遊戲」中的三種不同策略，例如我們現在要以理解西洋棋遊戲中關於「位置」的三種方式進行比較：

- **物理上**：某些棋子安排在棋盤的特定方格上；
- **行為上**：特定移動順序在未來的時間可能發生，因此產生了新的位置；
- **理想上**：棋盤上的棋子，形成特定抽象圖案。

玩過西洋棋的人，應該都可以理解西洋棋棋子位置的物理表示。西洋棋是由三十二個或更少的小棋子所組成，這些棋子被放在一個六十四方格的棋盤上。我們可以記下對棋盤及棋子位置的純粹物理和空間描述，讓任何人都能看懂棋局分布，包括不會下棋的人也可以理解。

以未來可能的移動來描述行為表現，可能比較複雜一

點，因為只有知道如何玩西洋棋的人才能理解這些移動。例如當我們談到某個特定位置的兵卒守衛著一個主教，或者某個騎士威脅著一個城堡等。這種描述將棋子視為棋局上的即時行動——它們的防禦或威脅特徵，取決於它們在未來以特定方式移動。也就是說，這是以時間來思考，描述棋子的潛在「行為」。

西洋棋位置的理想呈現，則是由圖案模式來表示。這些棋盤上的棋子位置所構成的模式，只有經驗豐富的西洋棋專家才能判別。專家可能會這樣描述：

> 對於初學者來說，棋盤上二十個棋子的位置可能包含二十多種訊息區塊，因為這些棋子可以有相當多種的排列方式。然而對一位西洋棋大師來說，他可能會把位置的一部分視為「國王入堡的側翼主教」加上「封鎖王翼—古印度防禦」，而將整個位置視為五或六個區塊。專業的西洋棋人士只要看一眼盤面上的棋子位置，就可以從記憶中提取棋盤布局。就像大多數以英語為母語的人，在聽到前幾個單字後，就可以背出「瑪麗有隻小羊」這首歌的歌詞一樣。(原注5)

如此一來，棋局便可理解為由理想「子模式」組合而成的理想模式。

上面這些表示中，哪一個呈現了真實的西洋棋位置呢？位置（以及整個西洋棋遊戲）到底是物理上的棋子分布、時間上的移動行為，還是理想模式的問題？其實這三種方式是對同一事物進行了三種同樣有效的描述，不同之處僅在於它們在舉例說明上的理解類型。然而它們之間的差異，卻可以引發棋手在理解和下棋時的不同策略。更重要的是，它們經常被用來決定誰輸誰贏。

我們可以把前述的電腦軟體界組成元素，與西洋棋位置的描述方式進行類比。資料就像棋盤的物理位置，儲存了下棋的起點；軟體程式就像一連串的西洋棋走法，一步步地發生；演算法則像在西洋棋遊戲中一組用來實現某些目標所使用的位置策略（如「后翼棄兵」之類的策略）。

範例3：圖像數位化。電腦處理外部世界資訊的方式，與生物完成類似任務的方式，存在著相似之處。之所以如此，是因為在電腦技術的發展過程中，電腦設計師傾向於在機器中模仿他們所熟悉的「人類工作」方式，亦即電腦被設計成能像人類一樣工作。

電腦可以處理包括「類比到數位」和「數位到類比」

等轉換技術，即在真實（非電腦）世界中的事物與電腦可處理的位元序列之間進行的「轉換」。這些技術讓電腦能處理文字、圖像、聲音等資訊，而在非電腦的真實世界中，這些資訊不是由位元構成的。因此作為範例而言，瞭解電腦如何將圖像表示為位元，有助於我們理解為何對存在的理解會分成三種類型。

非電腦世界中的圖像，相當於光線在物體表面的分布情形。這種光線分布可被光感測器檢測到，只要讓光感測器產生電流，電腦便可將其轉換為二進制數字。反過來看，電腦中的二進制數字也可以傳送給平面顯示器中的發光單元，在顯示器表面產生光點的分布。在這兩種情況下，電腦會把外部圖像視為相互融合的「連續光區」（類比），而非離散的個別「光物件」（數位），這也就是圖像被稱為類比的原因。電腦螢幕必須以位元序列（數位）呈現出這種類比物件，它可以透過多種方式執行該任務：

- 如第一章「DR 理論與計算」中所述，電腦可以將圖像在空間上以「網格」劃分為極細密的點陣圖，然後儲存網格上每個格點處存在的光測量值。我們稱這種作法為物理數位化，因為電腦的位元序列所

記錄的是出現在圖像中各個特定位置的實體光。

- 電腦可以建立一組數位程式碼指令來繪製圖像。這種技術最常使用在當圖像的性質適合描繪輪廓,像是一大塊文字時。我們可以稱這為行為數位化,因為電腦的位元序列記錄的是一系列的描圖指令。

- 電腦也可以將圖像分析成幾何區域,每個區域都定義在一個用於生成標準形狀的方程式檔案中。然後對每個形狀的位置、尺寸、顏色等進行編碼,如此便可以將圖像呈現為預先定義的幾何物件拼貼畫。我們可以稱這種呈現方式為理想數位化。

請注意,這些數位呈現方式都跟物體表面上的原始連續類比光區有所不同,因為它們是以位元序列的方式呈現。這是由電腦工程師設計,並以不同的數位方式包括像素圖、繪圖指令或幾何拼貼來呈現的圖像,剛好可以對應前面描述的理解類型:物理的、行為的和理想的。最後也請注意,這三種數位化模式中的每一種,都是把外部的類比圖像,編碼為電腦內部完全不同的位元序列。

在圖像數位化的過程中,到底發生了什麼事呢?首先,我們有一個真實的東西,亦即電腦需要「知道」的一

個視覺圖像。另一方面，我們擁有數位呈現的選擇，每個數位呈現都是電腦可處理的序列化二進制數字集。在這兩者中間，便是一個設計來產生代表圖像的數位數值過程。電腦永遠無法直接瞭解圖像，因為對它來說，光的連續分布在本質上是無法理解的，它只能處理二進制數字。事實也證明，每幅圖像都可以用至少三組完全不同的二進制數字來呈現。這些數字不僅在數值上不同，在使用方式上也截然不同。「物理像素的數字」用來放置顏色的光點，「行為描圖的數字」則用來標示描繪和填充空間的程式；「理想形狀的數字」用於從存在記憶體裡的預設集中，檢索抽象圖形的定義。

對同一張圖像的三種數位化過程，不單只是產生了三組不同的數字集，而且還是具有不同含意的數字集。對電腦來說，若把以像素方式記錄的數字，視為一組繪圖指令的數字，或是視為以標準形狀拼貼呈現的數字時，就會造成全面性的處理錯誤。因為就電腦的處理能力而言，瞭解圖像的不同方式，僅限於以不同的處理方式進行。這有點類似要求每種類型的數位現實，不論是行為、物理和理想方式，都必須有自己對於類比世界的理解方式。

雖然圖像對電腦來說是外來之物，但在我們的範例

中，被數位化的圖像是獨立存在的。電腦數位現實中三個位元集（物理像素集、行為指令集、理想形狀集）的任何一個，都會努力呈現該類比圖像。若更改其中某個位元，便會使該位元集在呈現原始圖像的真實性上有所減損。而這種真實性是三種圖像數位呈現形式的關鍵屬性，雖然它們的位元集完全不同。但這種對自然的真實呈現，就是類比存在可能產生的數位現實，它會以各種不同形式出現在我們面前。

時間、空間、模式

生物之所以能夠生存，是因為它們知道如何從周圍環境提取能量，並利用能量來建設和發展自己。這種讓生存成為可能的知識，並且可以用各種方式加以管理。DR 理論便追溯了三種實際知識的演化：

- 如何利用時間組織行為
- 如何利用空間安排物理物件
- 如何利用理想來識別模式

DR 理論把生命的定義限制在地球上可觀測到的範圍內，所以接受目前的科學觀點，亦即地球形成於大約四十五億年前，而生命大約是在地球形成後五億年左右出現的。

　　組織行為。DR 理論認為**時間順序**就是讓地球生命奠基的重要技能。時間的作用到底是什麼？首先也最重要的是，它讓遺傳成為可能。某些生物發展出來的行為，提高了它們的生存能力，然後在後來的時間裡，它們設法透過分裂、出芽或克隆（Cloning）[2]，將這些生活技能遺傳給新的生命。若非如此，這種生物就會滅絕，它們的生存技能也會消失。這種藉由繁殖提高生存能力的數位時間序列（等同於累積組織的行為），對於遺傳的過程相當重要，這讓新事物保持存在。在早期生物中出現的這種新事物，協助生命脫離原始類比存在的束縛。

　　這種數位時間序列，也使某些生存技巧成為可能。其中最重要的就是新陳代謝，這是基於可重複的化學反應序列。目前生命形式中普遍存在的腺苷三磷酸（ATP）轉移能

2　譯注：克隆一般指利用生物技術產生與原個體有完全相同基因組後代的過程；也包括任何自然或人工產生具有相同 DNA 子代的過程。

量技術，一定很早就在生物體中出現了。今天所有好氧生物所使用的「克式循環」（TCA cycle，亦稱「檸檬酸循環」），以特定順序與其他反應交互作用，進行了三十次以上的ATP轉移。雖然早期的生命形式可能用得較少，但關鍵是若沒有時間事件排序的累積遺傳，就不可能發生有機新陳代謝等過程。

在DR理論中，時間是建立數位集合的最簡單形式。它所形成的是可數的線性集合，並只在一端接受新元素。你可以把這種規律的集合元素想像成一個書架，可以在書架最後添加新書，但不能將新書插入已上架的書中。

排序演算法。隨著基因組為基礎的繁殖形式出現後，在空間中排序物理事物的演算法，可能已演化為一種早期生命體的技能。那些只知道時間排序的有機體，可透過分裂或克隆來自我繁殖；但若要建立一個演化的物種，這些有機體還必須創建一套用於建構新生物的排序指令。生命的關鍵突破是DNA分子的發展，它等於是把時間呈現在空間上，儲存了這些排序指令。生物體透過讀取密碼單元——沿著DNA基因長度空間排列的氨基酸組合——便能執行製造蛋白質所需的順序動作。某些密碼單元在線性空間中的位置，就代表合成每個特定蛋白質分子所需的一系列

時間順序步驟。

　　線性空間的數位現實足以讀取 DNA，也足以讓生命體透過隨機遇到的有機和無機分子來養活自己。但大約從三十億年前開始，地球上的生命在光合作用上實現了更好的演化突破。當時有一些光養（phototrophs）微生物已能從陽光中獲取能量，只是效率還很低，而且無法從環境中吸收碳。在時間順序下，利用太陽的光合作用終於演變成一個多功能化學工廠，以陽光中的能量把二氧化碳和水轉變成能量，並合成各種有用的有機分子，讓地球大氣得以充滿氧氣。

　　生命對太陽能的使用，可能就是來自於在它們的數位現實中增加了額外的「空間」維度。陽光來自遙遠的源頭，獎勵了這些能夠掌握能源（亦即在與光線傳播方向成直角正交的大表面上留住並收集陽光）的生物體。為什麼是以三度空間的方向吸收陽光呢？如果陽光像閃電一樣，只以大能量的單點撞擊地球，那麼捕獲陽光並利用能源的有機結構可能就只有一度空間，亦即只能識別上下的生命體。然而，陽光被吸收的最佳方式是「平面」，即需要垂直於陽光方向的二度空間，才能定義出有效的陽光收集器。此外，從生物體的角度看，陽光不是前仆後繼地分段持續落下，而是

連續不間斷地落到地球上。因此，它的收集空間不可能是線性的，而是必須由多個共存的累加收集器組合而成。若從前面的書架比喻繼續推演，這個空間就像一座圖書館，不只能在時間書架的盡頭添加，還可以在任何地方添加新書。

時空的演化。 生命可以演化出多種時空組合中的任一種，以此掌控所獲得的數位知識。然而，考慮到地球表面的生命是以相對於太陽的複雜運動和旋轉，包括由地球繞太陽公轉的橢圓形軌道速度為每小時 67,000 英里，以及地球自轉速度高達每小時 1,040 英里混合而成。為了盡可能提高原始光合生物的能力，從這樣的流動平台上追蹤賦予生命的太陽光能，生命演化的時空關係就必須使傳播到地球上的輻射能量，可在生命移動時仍維持在其周圍。

愛因斯坦憑直覺想出了這種時空關係的真相——無論觀察者如何運動，光速都是相同的。但他將這個概念視為「存在」所賦予的特性，而非生物演化的產物。他還憑直覺認為引力可以用「時空曲率」（space-time curvature）[3] 來解

---

3 譯注：大意是指物體質量的分布狀況，使時空性質變得不均勻，引起了時空彎曲。例如太陽的質量決定了在它附近時空的曲率，地球受此曲率影響以橢圓形的軌道繞日運行。

釋。

在 DR 理論中，「光能」傳播的恆定性和「引力」的本體感受，都是生命對時空的理解特徵。這種理解是在地球上以光合植物為主的生命體，經過十億年左右的時間演化而形成的。早期的植物生命可能只是漂浮的細胞或地表上的浮渣，但隨著物種發展，它們從地球表面向上生長，努力讓自己的葉子長得比鄰居高，以便讓葉子曝露在更多陽光下。對於植物來說，其成功既需具備追蹤天空中太陽位置的能力，也需不斷理解「上方」是在哪個方向。十億多年來，植物對時空的理解，逐漸嵌入到葉綠體 DNA 中，然後再被動物 DNA 承繼。時至今日，時空的概念反而讓人類絞盡腦汁苦思不已。

DR 理論對這種時空特徵的描述方法之一，就是認為它代表了最簡單的排序演算法。透過這種演算法，位於地球上像葉綠體一樣簡單的各種生物，便可利用並代謝來自遙遠源頭的光能。地球生命用了十億多年的時間來開發這項演算法，然而其他部分的某些生命，也可能產生一種完全不同的時空形式。為了涵蓋這種可能性，我們只需簡短擴展相對論即可：時空除了對「運動中」的觀察者而言是相對的，對於具有不同「演化」史的觀察者而言也是相對

的。

識別模式。哲學家通常不會把識別模式與識別時間、識別空間歸為同一類。我們之所以使用模式的原因，跟我們使用時間和空間的原因相同：亦即在數位現實中對物件進行「排序」。我們可以把理想物件置於一種模式中，如前所述可在空間中定位物理物件，並在時間中鎖定行為物件一樣；有了空間與時間，模式便可協助我們透過演算法來分離與排列物件。

模式的識別，也可能以掠食關係的結果那般出現在生命演化中。獵物可以透過識別掠食者的狩獵行為模式，提高自己的生存機會；相反地，掠食者也可以透過識別獵物的迴避模式，更有效地進行狩獵以養活自己。

在人類世界中，「模式」識別已擴展到產生理想的整個知識世界。從亞里斯多德時代開始，人類按模式來排列理想的能力，一直都是獲取、保存和交流我們所擁有複雜知識的基本方式。如果無法將它們排列成列表或層次結構，那我們理解到的許多理想都將毫無用處。如果剝奪了基於對理解模式相互認可的類比和其他修辭手法，我們的演講和寫作便很難滿足我們的需求。

模式有多種形式，包括層次結構、線性、網路和各式

各樣的連結。在數學中，它們可能被鑑別為域（數字）、流形（點）、函數（變量）、集合（元素）、群（變換）等。在其他學科中，資訊可能會以列表、陣列或樹狀等形式排列。

以理想建構的模式，往往也會排列物理的或行為的知識。想像一下用於銷售油漆的顏色實物樣本；它們可能會排列在架上或色票範本書頁上，但總是會以某種模式來排列──例如從光譜中的紅色排到紫色，而每種顏色的不同亮色或暗色，都會被排列在該顏色旁邊。因此只要理解顏色樣本的圖案排列方式來瀏覽顏色樣本，便可輕鬆找到想要的顏色樣本。讓我們再舉行為的例子，請思考一下字典中條目的層次排列方式：首先是每個單字的正式拼寫，然後是詞性，最後是它在各種上下文中的不同用法（例句）。當我們要尋找某個單字的意義時，只要以它在字典條目中的層次排列位置（字母順序），與我們想要執行的溝通行為（詞性與用法）相互配合即可。

運用理想

DR 理論所說的**理想**是生命最晚近的演化發展。前面提過，它們是哲學家稱為先驗的普遍模式，加上讓有機體變

得聰明且適應性更強的抽象概念而形成的。用集合論的語言來說，理想存在於物理集合的「冪集」（power set）中。

　　冪集，指的是集合裡所有可能子集的集合（即由所有子集合當成元素的集合）[4]。事實上，它提供了一種讓集合裡的元素彼此相互關聯的所有方式之紀錄清單。當 DNA 中的物理排序為生命提供一種保存「生存配方」的方法時，物理排序的冪集（即理想），就成為演化的要素之一。透過揭開操縱物理世界的所有可能性，理想便可協助物種和個人更有效地解決問題，而不必透過反複的試誤來解決。它等於把 DNA 和神經組織轉化為實驗室，以便開發出新的生存方式。

　　結果，透過模式而來的自然解釋，並非關於我們在日常生活中理解的普通物件和事件。這些新解釋是用理想的術語表達的，因此理解這些解釋需要制定新的**定義**。而這種定義會在數位現實中建構出新物件，也就是關於物理物件和事件的新**屬性**。

　　透過制定定義，便可在數位現實中創建出新物件。舉

4　譯注：假設集合 S 為 {a,b}，S 的冪集是以其子集合為元素的集合，亦即其冪集裡的元素為 {∅}（空集合）{a}{b}{a,b} 等四個元素。

例來說，我們原先可能把一些灰色、堅固、沉重的感覺來源，識別為一塊岩石，亦即一種物理性質的東西。但當我們定義了「重量」的概念後，便可將這種新物件添加到數位現實中，亦即岩石的重量數字。經過理想化定義創建出磅秤和重量單位後，我們獲得了測量岩石重量的新程序。於是重量作為一個理想化的數字出現了，但對我們來說，它與任何「感覺」一樣有效。重量的數字現在可以加入我們對該物理物件「灰色、堅固和沉重」的描述中，亦即我們稱之為岩石「屬性」的理解中。

我們也發現，幾乎每一種物質都有一個重量數值。即使是空氣，也可以使用合適的設備來稱重。當然也可以測量岩石的顏色灰度（使用色度計）、硬度、密度等各種熟悉的屬性特徵。但在這些測量過程裡，我們通常會在數位現實中添加新的屬性數字，亦即我們在理想方面理解的新物件，而不是取代我們在行為方面已知和理解的特徵。

現代科學的原理都是關於「屬性」：首先是質量和能量，後來加上速度、密度、熵、比熱等，這些都是讓科學原理能夠起作用所需的可測量屬性。舉例來說，拿起一塊石頭時，我很難知道它的「磁導率」（magnetic permeability，對磁場反應的磁化程度）是多少，然而這個屬性與石頭的形狀

或顏色一樣，都是實際存在的。雖然磁導率與某些自然原理有關，但除非我們預先在物理事物中定義該屬性，否則磁導率便毫無意義。因此我手裡拿著的石頭，是一個比我的感知所能告訴我的更為複雜的物體。例如我可能會對這顆石頭被放在大磁鐵附近所產生的反應感到驚訝。

在生物演化的最簡單和最古老的層級上，可根據時間順序的反射、衝動和需求等來理解生物體的行為。而在下一個更高的層級上，具空間順序的物理物件，成為生命理解棲地、環境、生態系統等以及人造物品的因素。在最高的層級上，我們必須呼叫目標和策略等「理想模式」，才能瞭解生命如何生存。

DR 理論解釋了人類生活的複雜性如何歸因為我們被理想分類所告知和導引的各種能力。理想也可為情緒反應和身體壓力提供創造性的替代方案。而除了加深我們的理解之外，理想模式還構成了人類在社會和共同生活的主要基礎，讓我們成為地球上最有創造力（也最麻煩）的動物。

集合與數位化

1623 年，伽利略用數學分析了天體的運動。六十四年

後，牛頓發表了類似想法的概念證明，即他的《自然哲學的數學原理》（*Mathematical Principles of Natural Philosophy*）。從那時起，大部分科學家都認為理解物理性質的主要方法，就是測量類比存在，然後分析其數值結果。

類比測量的數值分析，已證明對於進行預測相當有用。舉例來說，藉由進行精確的天文測量，我們已能準確預測日食或月食將在何時發生，以及在地球表面的哪些地區可以觀察到。關於物理學的有效性，最吸引人的觀點來自於它們預測未來事件的能力。然而，數值分析對於我們對這個世界的理解貢獻甚微。準確知道天空何時會變暗以及太陽何時被遮住，並不能告訴我們正在發生的現象背後形成的原因。隨著物理學的成熟，證明了從邏輯來看，並沒有人真正知道這些觀測數值到底代表了什麼意義。

集合論。一直到了 20 世紀，集合論終於出面拯救了。邏輯學家發現有幾種方法可以根據集合來定義數值；反之則不然，因為集合可以由公理定義，但不能由數值定義。最後出現並依舊是熱門話題的是稱為基礎數學或建構數學的一門邏輯學科，其中的「公理化集合論」，定義了傳統數學的基本想法和程序。（原注6）

公理化集合論也為 DR 理論提供了形式邏輯。集合論

已掌握了人類的思想，因為它理解人們在建構數位現實時所使用的一種基本操作，即理解一群集合物件可以自行存在，不但與集合本身的元素有所不同，而且獨立於元素之外的操作（集合有了新的意義）。由於集合只是各種類型事物的聚集，因此可被視為一個群組。這個概念的力量源於集合本身就是新事物的想法，跟它內部的元素已有所不同。集合形成一個群組後，我們便創建了一個新物件。

可以收集到一個集合中的事物，當然也可以包含在其他集合中。舉例來說，我們可以建立一個包含村裡所有居民的集合，也可以再建立許多其他集合，讓這些集合每個都包含村莊中某個家庭的成員。然後我們還可以建立一個「村子裡所有家庭」的集合。雖然「所有家庭的集合」與「所有居民的集合」的真正組成部分（人）可能完全相同，但這兩個集合並不一樣。也就是說，居民的集合雖然一樣都是人的集合，但也可以建立如家庭的集合等其他集合。

因此，集合的形成可被視為是一種製作新事物集合的工具，這些集合也被認為與製作它們的元素成分一樣真實。由此可見，集合的形成象徵著數位現實的建構。DR 理論對此細節的描述如下。

建構數位物件就像從存在的某些部分形成一個集合。

集合的元素不需是可數的或離散的，例如可以是時間或空間的一段範圍。其主要需求是我們要能判斷給定的事物是否存在於集合中。因此，我們會說一個物件可由一個集合來表示，該集合的元素是存在的一部分，而除了將存在的一部分與其他部分分開的可能性之外，我們不需為集合的存在賦予任何屬性。某個「物件集合」，可以簡單透過劃定類比存在的界限（如村子裡的人），並賦予界限內元素的新身分（如家庭）來形成集合。

　　形成一個數位類別就像形成一個「裡面的元素也都是集合」的集合（如「所有家庭」的集合，「家庭」本身就是一個集合）。由劃定存在的界限而形成的新物件集合，通常會成為現有類別集合裡的元素。這些類別最初是我們以某種關聯方式建立的一組物件集合，例如「紅色物件」的集合。但當類別本身作為集合時，也可以再度被分類，我們稱此為物件化類別（objectifying categories），亦即如果一個類別集合成為另一個集合的元素時，該類別就會變成一個物件。由集合形成的過程，以及把集合作為其他集合的元素使用，便產生了集合類別的「層次結構」，可用來解釋其他類別。

　　而類別的重要性，就在於它可以建立不是直接從存在形成的物件。在集合論中，一顆蘋果可能被視為一個物件集

合，該物件集合由包含蘋果實體成分（果核、果肉、果梗）的存在所構成。該物件集合也可成為類別集合「紅色物件」裡的元素，此集合將包含蘋果，以及我們在試圖理解現實時選擇組合在一起的其他紅色物件。我們也可以在數位現實中構建另一個類別集合「顏色」，裡面包含「紅色物件」、「藍色物件」、「綠色物件」等集合作為其元素。讓「紅色物件」集合成為「顏色」集合裡的元素，就等於把它變成數位現實中的物件。曾經是一組蘋果和其他以類似方式影響人類視覺的紅色物體，都會變成「紅色」集合的元素。我們也可以將這些物體理解為一種顏色，因為「紅色」集合也是「顏色」這類別集合中的一個元素。請注意，現在我們是透過對數位現實中的物件（紅色物件）進行分類，而非透過劃分存在的部分來構建對「顏色」集合的理解（紅色物件、藍色物件、綠色物件等集合都是數位現實物件）。

廣義化（Generalization，亦稱「一般化」）就像使用集合論的邏輯運算來形成一個集合。邏輯學家已擴展了「一階邏輯」（first-order logic，來自亞里斯多德三段論邏輯的擴展）[5] 來定義

---

5 譯注：由兩個前提推斷出結論，例如「如果所有人都會死，而且所有希臘人都是人，則所有希臘人都會死」。

從現有集合中創建新集合的方法。例如「聯集」的運算是組合多個其他集合的元素、丟棄其中重複的部分，來形成一個新集合；「交集」的運算則是從幾個集合內共有的元素，形成一個新的集合。這些集合上的運算通常透過「文氏圖」（Venn diagram，如兩個相交的圓形）來說明。將它們與其他運算相結合，便可以藉由從其他集合中選擇的元素，形成任意數量的新集合。而使用「布林代數」（Boolean algebra，可用來處理集合運算和邏輯運算的代數系統），便可表達出形成這些新集合的選擇標準，而不必管這些標準的複雜程度。也就是說，它們在集合裡包含的元素，是由關聯其他集合所決定的，而非只是把這些集合的元素聚合起來而已。

知識的自由。生物會學習，而物種會演化。就生命自由形成任意物件和類別的結果來看，並沒有誰對誰錯。這種自由在集合論中表現為**選擇公理**（Axiom of Choice），它宣稱從任何一群集合的每個集合中「選擇」一個元素，可以形成一個新集合。因此在分類方面，選擇公理等於保證了我們以數位現實物件進行分類的方式，並沒有自然限制。

要理解數位現實中任何物件所需的最低要求，則是該物件至少是某個類別裡的元素。大多數物件都屬於多個類別，且大多數類別也都包含許多作為元素的物件。當我們

在理解一個或多個物件而遇到問題時，最常見的解決方法就是將它們歸入另一個類別。選擇公理可以保證我們總能做到這點。它讓我們可以把這些在它們所在類別中「無法理解」的物件，建構出新的相關類別，協助我們更好地理解這些物件。

當數學家康托爾（Georg Cantor）在 19 世紀末發展出今日所謂的「樸素集合論」時，他的主要概念源自逼真地將事物分類，並透過計算確定它們的數量（稱為「一一對應」），以及將類別劃分為較小的群組等。儘管這些概念隨後被公式化為嚴格的公理系統（包括在 1904 年添加了選擇公理），但康托爾的原始概念卻以「集合論的核心含意」而倖存下來。很明顯地，這種概念等於把更深層次的人類能力加以形式化。

自然的數位化。形成集合的行為是數位化的自然行為。元素的特定類（ad hoc collection，特定類別），變成一個新的單一物件。只要知道去哪裡找，便可在生物體內各處找到這種「類比—數位」轉換。例如，在動物身上的全有全無律（all-or-none law），指的是反應系統中的反應強度通常是一致的，並與系統刺激的強度無關。高於閾值的強弱刺激都會引起完全的反應；低於閾值的強弱刺激則完全沒有反

應。在神經和肌肉組織及生物資料流的所有階段，都可以觀察到這種「一位元」（有或無，0 與 1）的「類比一數位」轉換效應，它們等於過濾掉訊號源頭的雜訊（比 1 小的都是 0，比 1 大的都是 1），並以純數位形式保存訊息。生命的非神經化學系統，尤其在植物中，也具有相同的選擇性：例如細胞膜和分子的「受體位置」（receptor site）會在新陳代謝運作時挑選分子，只吸收具有有效數位特徵的分子。

自然類別。在 DR 理論中，「嵌套集合」（set nesting，集合裡的集合）的差異，可在不損害其客觀性的情況下，改變我們對已知事物的理解。請記住，集合及其元素本身是獨立的。當你把一個集合作為另一個集合的元素時，你可以改變理解嵌套集合的方式，但不會改變其經驗來源。例如，在理想分類過程中，產生物理或行為物件的原始存在事件，都會保留在其歷史中。這也就是數位類別所產生的知識能維持其與存在的關聯，以及為何不會產生前述的笛卡爾式二元論問題（因為仍與原始存在有所關聯）的原因。

這種「三方現實」（物理的、行為的、理想的現實）的想法，並非 DR 理論所獨創，它至少和西方科學一樣古老。例如在 1789 年，拉瓦節（Lavoisier）在他的《化學基本論述》（Traité Elémentaire de Chimie）中就曾寫道：

每門自然科學都會涉及三件事：科學所依據的現象序列、喚起這些現象的抽象概念，以及表達概念的詞語。當你提出一個概念時，你需要一個詞語；而描述這種現象，則需要用到一個概念。然而，這三者都反映了同一個現實。（原注7）

用 DR 理論的語言來說，拉瓦節的現象是物理的，他的語言是行為的，他的抽象概念則是理想的。這三者都代表了類比存在的不同呈現方式如何出現在我們的數位現實中。

範例：感知。拉瓦節的「科學之鏈」，亦即從行為詞語到理想概念、再到物理現象的理解，屬於更典型的形式推理，這也是第五章討論的主題。我們可以舉一個更簡單的例子：考慮「自然感知」過程中發生的集合運算。

想像一下，我們正在觀察一團紅色氣球。為了理解我們所看到的畫面，我們必須將自己對「紅色」和「圓形」的感覺，歸類為二個元素的集合，再將每個集合歸入「有形事物」的物理類別。這些集合本身被我們識別為「氣球」。透過這種方式，我們將物理的紅色氣球放入了我們

的數位現實中。

而為了將每顆氣球彼此區分開來，我們為每顆氣球分配了一個空間位置。這種對物理空間的自然感知，並非「笛卡爾坐標系」（Cartesian coordinate system，直角坐標系）；它更像是一大組位置子集（subset），每個位置子集都有一個獨特的識別符（identifier），例如「樹的左邊」、「頭頂上方」等等。外觀相同的氣球，可以透過追蹤它們被包含在空間集合中的不同子集位置來加以區分。

現在有一顆氣球鬆脫飄走了。原先我們對紅色和圓形有相同的「成對」感覺，但其中一對我們添加到「紅色＋圓形」集合的空間位置集合的子集，在我們的行為時間軸的不同階段發生了變化（飄走）。我們可以感知到一系列無法區分的氣球物體都在不同位置上。因此我們將多個物理物件（舊子集＋新集合）分類到我們行為類別中的一個「新集合」，來解釋這個特殊事件，並將其標識為「變動」的物件，就像將電影裡每個不同畫面組合成一個鏡頭一樣。當氣球飄走時，我們會將感知行為中的新集合歸類為運動變化，或許可以稱為「氣球漂浮」的新集合。

另一種情況是，如果其中有顆氣球被刺破了，我們會觀察到它處於兩種狀態——先是又大又圓，然後變成又小

又軟。我們的行為將這兩種感知結合到一個物理集合中，將其歸類為「轉換變化」。在這種刺破的轉換變化和飛走的運動變化下，本來在我們的行為感知中可能會混淆的東西，都被解釋為物理現實的變化。最後的結果就是，人類（其他生物也一樣）建構了一個可行的數位現實，裡面充滿了各種物理分類（飄走、刺破……）的集合。每個集合都解釋了行為中的一些感覺，讓我們感知和理解自身之外的事物。

如本例所示，在 DR 理論中，集合是理解的最終單位。一個集合可能包含原始存在的元素，但我們和其他生物尚未演化出「直接」理解存在的能力，我們理解的是「集合」。如果一個集合包含存在的部分，我們就把這些部分數位化；如果一個集合包含了其他集合，我們就會合併它們的數位訊息。為了理解一個集合，我們會追蹤它作為其他集合中的元素位置，這些其他集合等於是「類別」的角色。在數位現實中定位「數位集合」的過程，可同時透過識別其內容（紅色、圓形）來知道它是什麼，並透過分析包含它的類別（飄走或刺破的變換），來知道該如何理解它。我們將在下一章更詳細地討論分類。

第三章
建構現實

如何從三種理解類型，建構出三種類型的數位現實？

　　總結前一章的內容，生物透過在理解「行為、物理和理想」三種類型的層次結構中，形成數位集合來解釋類比存在。如同本章將要解釋的內容：物理集合是行為的冪集，而理想集合是物理的冪集。所有這些集合及其元素，構成了可以不斷發展下去的原始材料，生物便是從這些材料建構出行為中的數位現實。

數位現實類型

　　生物建構數位現實的原材料集合並非毫無來由；這些材料通常帶有它們的起源和理解的標記。以下是數位現實從建構所需的這些材料來源中獲得的主要特徵：

理解類型：行為的、物理的、理想的

設置基數（cardinality）：aleph-0、aleph-1、aleph-2[1]

元素排序：時間、空間、模式

集合構成：線性、緻密、複雜

這些主要特徵定義了三種基本的數位現實類型。它們的關聯如下表所示，並將在下一節中加以討論：

現實類型	基數	排序	填裝
行為的	aleph-0	時間	線性
物理的	aleph-1	空間	緻密
理想的	aleph-2	模式	複雜

這三種**數位現實類型**都符合我們的理解類型。感覺、思想、情緒、意志等我們在內部（內心）理解的所有一般體

1　譯注：這三者屬於阿列夫數（aleph），即集合論中的「超限數」，超限數是指大於所有有限數的基數（基數是指例如 A 集合包含 2、4、6 三個元素時，其基數便為 3，依此類推）。aleph-0 是可排序集合（集合中元素均為由小至大的順序）的基數，aleph-1 是可排序集合的下一個更大的基數（集合中除了最大元素以外，其他元素均為由小至大的順序），aleph-2 則是再下一個更大的基數。

驗，都成為行為現實的一部分。而我們所理解的外部物體和事件，包括我們身體裡的物體和事件，成了物理現實的一部分。普遍性和先驗真理，則成為理想現實的一部分。隨著這些數位現實被更適當地分類和理解後，每種類型的現實集合都可能成為其他類型集合的元素。這些理解主要是來自「理論化」的結果，本章稍後會加以詳述。

前面提過**基數**（Cardinality），涉及數位現實處理「無窮」（無限大）概念的方式。DR 理論將其與公理化集合論緊密聯繫起來。在策梅洛—弗蘭克爾公理中，「無窮公理」[2]保證存在最簡單的可能「無限集合」（infinite sets，等價於所有整數的集合）。從這個集合套用其他公理後，便可證明我們能產生所有的無限集合，或證明其存在。

無限集合的存在，在集合論中相當重要，因為它把集合的概念從單純多個事物組合的概念中區分開來。在建立集合論時，康托爾假設我們可透過展示以「一一對應」的關係，對兩個無限集合的元素進行計數，以此確定兩個無限集合具有相同數量的元素，而無需具體說明這場計數過

2　譯注：由於解釋過程需推導許多公式，並用上許多集合論的特殊表示符號，因此用白話一點的方式解釋無窮公理，就是證明「存在一個包含了所有自然數的集合」。

程如何數完。舉例來說，所有整數的集合與所有偶數的集合大小相同，因為兩者可以永遠並排計數下去，不論是否有人提出計數竟然漏掉了整數集合裡的一半元素（因為在一一對應關係下，可證明偶數和整數在基數意義下擁有一樣多的個數）。

　　另一方面，康托爾也證明了所有「代數數」（algebraic number，整係數多項式的複根）的集合，不能與所有整數的集合一一對應。從根本上看，代數數一定更多，因此這兩種數的所有集合在邏輯上會有不同大小，後來被稱為具有不同的基數。最後，除了它們包含的元素之外，這兩個無限集合必須是真實的東西，因為前面提過這兩個無限集合本身具有可證明的不同基數。因此談論集合突然變得合理了。

　　這類發現創建了一系列既真實但又與眾不同的數學物件（也就是像康托爾的無限集合），因而在數學家和哲學家間引發了一場風暴。他們抱怨康托爾涉足了「形上學」（metaphysics）[3] 領域。直到 1926 年，現代數學耆老希爾伯

3　譯注：探討事物的共同點和終極原因，並穿越經驗表象來思考其背後哲學基礎的一門學科。

特（David Hilbert）將集合論稱為「康托爾的天堂」（Cantor's paradise），才讓這場爭論平息下來。

代表超限大小的基數，變成了一群怪獸。它們比所有的實數都大，因而沒有正常意義上的測量數量。它們的集合有不可互換的大小類型，就像大酒瓶（magnums，1.5公升）和大香檳酒瓶（Jeroboam，4.5公升）不可互換一樣。康托爾採用希伯來字符 aleph，加一個下標，來表示集合上升的無限大數量，就像冪集裡的子集一樣。

在康托爾的編號系統中，aleph-0 是所有整數（1、2、3……）及其所有無限子集（例如所有偶數的集合）的基數。aleph-1 是連續體（continuum）的基數，就像點的集合變成線一樣。aleph-2 集合可能是一個所有函數集合的連續體基數；可以把它想像成在無限空間中每一條可能的波浪線。基數具有不同下標的這些集合，其重點在於：我們永遠不會逐一比對它們的元素，因為從根本來看，基數越高的集合總是會越大。

DR 理論為這三者提出一個問題：「我們的內在行為體驗和反應、外部物理世界，以及可能發現的所有抽象和真理的限制，到底是什麼？」人類本能的回答是：「這三種情況下的限制都是無限的。」不過，我們現在談論的是

數位現實，而我們所用的知識都包含集合，因此單一答案「無限的」是行不通的。 如果我們想用集合論來分析數位現實，就必須遵守康托爾的遊戲規則，並將超限基數大小類型分配給我們的行為、物理現實和理想集合。

正如本章開頭的表格所示，行為集合的基數是aleph-0，物理集合的基數是 aleph-1，理想集合的基數是aleph-2。這便是讓 DR 理論進入所謂「康托爾天堂」的關鍵，而且還有助於解決幾世紀以來困擾哲學家的問題：為什麼我們的內在（行為）世界、外在（物理）世界和柏拉圖的抽象天堂（理想），對我們來說感覺似乎相當不同，並且似乎也彼此隔離開來？這其實是因為它們是不同基數的集合。如果上述說法看起來像是我用了一個更深層次的謎題來解釋原來的謎題的話，那麼接下來關於數位現實集合的「排序」（ordering）和「填裝」（packing）的部分，可能會為各位帶來理解的一線曙光。

排序指定了在數位現實集合內添加或刪除內容的方式：時間為行為集合排序，空間為物理集合排序，模式則為理想集合排序。將這三種機制如何運作加以視覺化的一種方式，可以想像前面提過一個更一般性的比喻，以三種不同類型的圖書館為例。你可以在這三種類型圖書館借還

書籍，但每間圖書館都有自己的規定。

「時間圖書館」是一個單一書架的圖書館，你只能在書架末端檢索或歸還書籍。圖書管理員會不斷在書架末端添加新書，所以會有各式各樣的閱讀素材；但是當你想讀書時，你只能接受這個書架上的書。不過你可以在書架末端放一張購書建議清單，而在多數情況下，你所建議的書都會立即添購到書架上。這是一個簡單的 aleph-0 資料庫，但相當有效。

「空間圖書館」比較像我們想像中的大型公共圖書館。你可以在書庫中漫步，書籍會以各種方式分類：有些按照標題、有些按照顏色、有些按照大小。你可以在一定程度上添加、移除與重新排列書籍；但如果你想讀某一本書，你必須到前面提到的時間圖書館提出購書建議，因為到時間圖書館借書的位置與時間都更為便利。也就是說，像 aleph-1 這種空間資料庫是專為儲存和瀏覽而建立的（不是為了方便閱讀）。

「模式圖書館」則是一間令人生畏的圖書館。人們很容易迷失其中。一旦被允許進入，你可以在無盡的大廳裡漫步，裡面到處都是書籍，就像阿根廷作家波赫士（Jorge Luis Borges）描寫的「巴別塔圖書館」一樣令人驚奇。對於

前述空間圖書館裡的每一本書，模式圖書館都為它們特別開闢一間充滿該書各種變體的房間。有些變體書甚至比原書更逼真，不過大多數變體書並非如此。在讀者深入理解其中某些變體書的微妙訊息之前，這些變體書看起來似乎是無稽之談。其他變體書確實很荒謬，但同樣會被廣泛閱讀。不過誰能分辨這些變體書呢？這是一個相當有趣的 aleph-2 資料庫，但你必須小心使用。

模式資料庫中的模式與空間和時間一樣，對人類生活都相當重要。它們定義了讓我們的思想和交流變得更有智慧的各種關聯。如果沒有模式資料庫，我們的數位現實將缺乏想像力、推測能力與各種細微差異，變成只是一堆單調且未經消化的資料：當我們試圖傳達這種內容時，我們語言將僅限於最基本的「皮欽語」（pidgin，泛指不純正的英語，例如由兩種語言混雜而成的洋涇浜英語）而已。

填裝代表每個數位現實的構成，即每個數位現實如何儲存其所包含的知識。上述圖書館的比喻，預示了 DR 理論使用的術語，詳述如下。

按時間排序的行為具有**線性**結構。每個知覺、思想、交流、意志——簡而言之，生物行為的每一個實例——要不就是在彼此之前，要不就是在之後，是可以按順序來計

數的。此外，過去的行為無法改變，未來的行為需要努力才能實現，所以我們的行為無休止地朝向同一個方向前進，就像康托爾基數 aleph-0 中的整數一樣（可以按順序一直數下去）。

按空間排序的物理現實具有**緻密**結構。我們可以說它是無限具體的，亦即當物理事物被解剖拆分時，它們會無限產生新的細節。這種特性也使得物理現實的部分變得不可數──因為在任何兩個部分之間總能找到其他細節。這也代表著空間是一個（細節的）連續體，而不是被其他東西分隔開的點的集合，因此它形成了 aleph-1 這組基數。

按模式排列的理想則具有**複雜**結構。思考理想世界的一種方式，就是把空間中的點連在一起來製作出線和圖畫的「各種方式的集合」，從最簡單的扭曲塗鴉到整個宇宙的詳細藍圖（以及各種表面上看起來相同，但在細節上有所不同的無限多藍圖）。

熟悉軟體結構的讀者，可能會在這三種填裝類型列表中看出類似三種層級的電腦記憶體的回應，包括佇列（queue）、RAM（隨機存取記憶體）和資料庫。其相似之處如下所述。

軟體中的**線性**結構，用的是典型的佇列和緩衝區，其

中大部分都在處理時序。佇列通常會按時間順序列出要執行的指令、要發送的訊息或要造訪的資料。佇列包含了一度空間的線性代碼或資料。通常會設置為讓元素可以在特定組合（先進先出，先進後出等）的任一端放入資料或取出資料。一般情況下，定位特定元素的唯一方法是透過它在佇列中的位置，而且佇列元素通常不能隨機插入或移除。

緻密結構通常是隨機存取記憶體儲存時所使用的作法。數字形式的位址分配給記憶體元素（通常是 8 位元位元組。8-bit byte，bit 為位元，byte 為位元組，1 Byte = 8 bit），任何一段程式碼或資料的位置，會由一個或多個位址範圍定義。新程式碼或資料通常透過對位址範圍執行寫入指令來簡單儲存，而且會覆蓋掉已存放在儲存空間中的任何內容。事實上，儲存空間永遠不會被清空；要清除儲存內容，程式用的是寫入零或隨機位元組。這種作法或多或少模仿了物理空間，亦即當我們想要存放某個東西時，我們會把這件東西移動到空間中的某個位置，取代掉原先存放在這裡的空氣或任何東西。

複雜結構可用來區分連結資料庫和關聯資料庫，最為人熟悉的運用就是網際網路。一個網頁可能會產生幾千個其他頁面，所有頁面都透過超連結延伸。這個概念可追溯

到科學家布希（Vannevar Bush）在 1945 年寫的一篇文章。他提出一種稱為「Memex」（記憶延伸）的連接縮微膠片的訊息儲存庫，該儲存庫是由資料之間的邏輯關係組織而成。而隨著個人電腦計算能力的增強，有遠見的尼爾森（Ted Nelson）在構思使「超媒體」（hypermedia）成為可能的關鍵軟體思想時，引用了布希的想法。於是英國一位電腦工程師柏內茲-李（Tim Berners-Lee）在 1989 年時，將這種想法放入自己的工作硬體中。這段網際網路的發展史相當值得追溯，因為它說明了新的物理硬體（先是微縮膠片，然後是微處理器）的可用性如何導致物理現實的冪集，形成理想上的創新。

數位電腦設計的歷史可說是電子設備的發明史，這些電子設備可以處理前述的線性、緻密和複雜等三種資料。圖靈（Alan Turing）在 1936 年開闢了這條道路，他想像了一台可透過線性紙帶上標記的有孔單元來執行數學計算的機器。二戰期間，透過使用繼電器和真空管等組件的觸發器電路，以電子方式模擬了標記紙的行為。「正反器」（flip-flop circuit，記錄二進制數位訊號 1 和 0）可設置為兩種狀態中的任一種，並保持該項設置直到它被設置為另一種狀態，因而能使其達成儲存單元的作用。1945 年，馮紐曼（John von

Neumann）展示了圖靈磁帶上的計算過程，如何由緻密的物理正反器陣列執行。1948 年，香儂（Claude Shannon）把正反器確定為資訊處理機器的基本單元，並將其內容埋想的表示為「位元」。這意味著無論每項電腦任務有多複雜，都可以透過操縱位元組來執行。因此，設計出可以用來移動、儲存和詮釋位元模式的機器，逐漸成為電腦設計的總體目標。

上述對電腦技術中行為、物理和理想現實的反映，本身就已經很有趣。但除了這點以外，它們也能協助我們理解人類的內在行為、外部物理世界和理想領域之間在本質上的差異，而這也是兩千年來一直困擾著哲學家的問題。對於電腦工程師來說，資料緩衝區、文件系統和網際網路之間的差異相當深遠，因為它們不僅是規模或技術難度上的差異而已，包括輸入輸出、溝通協議、擴展或修改的方式，以及所需的硬體類型都大不相同。然而，同樣的訊息貫穿於它們之間，從電腦用戶的角度來看，它們似乎可以無縫地協同工作，就像是生命或一套好軟體可以被讚揚的那種美德一樣。

類別的重要性

　　亞里斯多德在他的短篇著作《範疇論》（*Categoriae*）中，引入了分類（Categorization，區分類別）的想法，這種想法對中世紀和後來的思想產生深遠的影響。對亞里斯多德來說，分類後的類別，就是我們可以談論所有單一事物的主題。他列出的十個類別（範疇）其實都很籠統：實體、數量、質量、關係、地點、時間、位置、狀態、動作和情感。簡而言之，他打算透過這種分類來具體說明人世間的一切。例如當我們說「馬在跑」時，我們可以進一步分析這種陳述：「馬」是「實體」類別的例子，「跑」則是「動作」的例子。因此，只要找出我們的術語裡對於該事物重點的可能加以分類，一組類別就能讓我們對所有事物的所想所說，有了全面性的瞭解。

　　康德在他的《純粹理性批判》（*Critique of Pure Reason*，1781）中，列出了十二個「純粹知性的基本概念」（也可想成是十二種類別），「他提出將其作為一個絕對框架，讓我們將可以想像的任何事物置於其中。這些類別便構成理性的基石」。康德的這種「哥白尼哲學革命」（Copernican revolution in philosophy），事實上是由一個本質上符合邏輯的過程產生

的。正如你可能預料到的，它們甚至還比亞里斯多德的範疇論更抽象，也更具有統一性、多元性、因果性和可能性等這類抽象標題。康德在談到亞里斯多德時，稱他「只是在他碰到時挑選類別」。對康德來說，這些實體代表了我們所理解存在的絕對形式，因此可以只透過邏輯分析來加以定義。

DR 理論會將亞里斯多德和康德的類別思想，描述為針對集合建構的簡單演算法。他們兩人都提議把人類理解的方式劃分為夠大的集合，讓我們想理解的一切都變成一個，而且是唯一一個集合裡的元素。亞里斯多德使用的是像百科全書一般的知識來建立他的集合列表；康德則運用了他過人的高超智慧。而隨著物理世界變得更為人所知後，亞里斯多德的範疇論當然變得過時，但康德的理想範疇卻促成現代科學方法背後的一些原則。

DR 理論可以為康德時代所沒有的分類過程，增加內在的洞察力。由於康德生活在達爾文出生和集合論發明之前，因此他可能從未認真想過「分類」可能是生物已進行了幾百萬年演化的一種集合建構過程，他也沒有意識到 18 世紀人們所理解的人類邏輯，缺乏一些必要的基本工具來理解類別的運作原理。

生活在康德之前一個多世紀的笛卡爾，強調了人類理解有客觀和主觀兩種不同類型的觀點。對笛卡爾來說，兩者必須共同努力是顯而易見的，但他並不確定該如何合作。因此康德試圖使用他所謂的先驗邏輯，將這些類型的理解關聯在一起。相較之下，在 DR 理論中，生命已自然地演化出笛卡爾和康德所尋求的關聯性。

　　理想的分類。現代科學保留了解釋數位現實最嚴格的理想類別。學校所教授的現代科學，讓許多人都認為它們具權威性。我們可以考慮某個已長遠發展的現代理論，例如我們在高中學習的化學理論。在第一天上課時，學生們通常被告知化學學科裡包含所有物理物質及其經歷的轉變。老師給出的典型範例可能包括鐵鏽、蠟燭燃燒、布匹的漂白劑、糖的發酵等。鐵、蠟、煙、漂白劑、酒精等等都是化學理論處理的常見材料。它們構成了化學的主題。

　　乍看之下，這樣的理論在範圍上似乎幾乎是宇宙論級的（一體適用）；但我們很快就會發現這種主題有其局限性。首先，化學無法認可原子層級以下的物質轉變；例如發生在太陽上的大多數事件，都是適用物理學而非化學的解釋。更微妙的是，這些上課教的實用化學，也僅限於相對「純淨」的純物質形式；例如沒有化學家會著手分析一

整隻家蠅，因為牠是一堆化合物的串聯體。從整隻家蠅來分析，幾乎無法產生任何有意義的訊息，因為這就像想透過研究森林空拍照來研究植物學一樣。化學家可能會說，「原則上」我們可以對蒼蠅進行化學分析，只將所含物質描述為碳、氫、氧、氮和其他原子的比例。然而這種數字能提供的答案非常少，要瞭解蒼蠅，我們還必須從化學轉向生物學。

與此類似，泥土、空氣、木頭、布料等日常經驗中的大多數其他物體，也都過於混合或像汙漬一樣，無法方便地用於化學研究。甚至水在成為研究物件之前，通常也會被蒸餾以去除礦物質。這並不是在說化學拒絕承認此類混合物，或是化學無法理解它們；而是說這類實用化學顯示出一種固有傾向，亦即會把混合物擱置一旁，因為它們不是能擁有豐碩成果的研究領域。

對大多數高中生來說，化學課很快就變成研究相對純淨的化學物質，亦即那些從化學品供應商購買來的瓶裝化學材料。研究主題也會變得更深奧，脫離了日常生活經驗；甚至到了後來，學生可能會驚訝地發現這些化學物質出現在他們吃的食物中（而不是從日常食物的研究，學習到這些化學物質）。在這種教學法下，化學這門學科迅速從它的實

證主題（通常是純淨的非次原子層級物質），退回到受控下的特殊化學物質知識。最後，這門學科成為在實驗室中對純化學物質的研究。

現代化學理論到底如何處理它的研究主題呢？我們會說是從物理物質的分類開始。在化學家的貨架上可能找到的所有純化材料中，大約有九十幾種是元素，其餘則是化合物。每種化合物都是由兩種或多種元素所組成，我們可以對化合物進行各種操作（如加熱或電解）來證明這點，而且也會注意到最後它會消失，轉變為等質量的元素。或者，我們可以透過在適當條件下將某些元素組合在一起來創建化合物。對於任何給定的化合物，其元素的質量比總是相同。普魯斯特（J. L. Proust）與道耳吞（Dalton）在兩個多世紀前所解釋的這種比例關係（化學上的「定比定律」與「倍比定律」），也成為現代化學的基石。

當然從那時候開始，有更多理論被加進來。例如化合物結合在一起是靠元素之間的化學鍵，亦即可與特定數量的能量相互關聯的一種吸引力。元素的價數也可以用來預測它們與其他元素結合成化合物的方式。由於元素是由微小的相同原子所組成，所以這些原子也等於構成了化合物中的相同分子。還有「異構化合物」是以相同比例包含相

同元素，卻具有不同分子結構等……等等。

對物質進行分類（即使是化學家貨架上那些有點特殊的化學材料也算）後，我們也同時改變了對它們的看法。鐵和氧，儘管以日常標準來看是完全不同的東西，但它們在一定程度上是相似的，因為它們都是元素。而在一般經驗中，到處都能看到與鐵相關的「鐵鏽」則是不同的東西，因為鐵鏽是一種化合物。紅鏽、黑鏽和棕鏽之所以相似，是因為都是由相同元素構成，只是組合比例有所不同才呈現不同的外觀。至於外觀大不相同的石墨和鑽石，它們的構成材料卻是相同的元素（碳）。還有二氧化碳和氬這兩種無色氣體，雖然物質外觀相似但內在本質完全不同，而且前者是化合物，後者則是元素。

因此，現代化學的分類（至少在此處討論的複雜程度）包括了元素、化合物、化學鍵等。但這些分類上的標題，並非物理性的東西，意思是並沒有我們可以指出是元素本身（原子），或化學鍵（鍵結）等實體物質物件。事實上，它們是屬於理想化的東西（肉眼看不到），而化學是一門具物理學和理想範疇的理論。結果是，我們熟悉的物理事物現在被視為具理想屬性。例如鐵等物質（元素）被認為在化學轉換過程中本質上不變——不僅通常不變，甚至到目前為止

都未發生變化，而是就其本質而言不會被分解成任何其他東西。若我們從密閉容器中的一種元素開始研究，無論對它進行任何化學操作，我們仍會得到等量的元素，這樣的元素就會像歐幾里得的點或數學上的質數一樣，具有從定義上看屬於它本身的固有屬性。我們也可能會發現被認為是元素的物質，實際上並不是元素——就像 1894 年研究大氣中的氮所發生的情況（研究氮氧化物而發現了惰性氣體）。但這種發現並不影響「元素」這個類別，它只會更改我們認為適合該類別的主題領域（從「元素」變成「化合物」）。

同樣的情況，化合物是指（純化後）總是包含兩種或多種元素且比例恆定的物質。我們會以用來表示其組合比例的「下標數字」（元素右下角的小數字），為這些元素編寫符號來描述該化合物，例如 Fe_2O_3。這在化學理論中定義了其組成原料（請先忽略異構體）；一個實體樣本的屬性與其他任何樣本都會相同，這種比例等於是該化合物的內在本質。

所以化學分類是抽象的描述。為了找到現代化學的主題，我們探索了物理現實；而為了分類出它的類別，我們轉向另一種類型的現實，也就是理想。這種認為是理想的理論，大約在 18 世紀末開始形成，當時的一些思想家已經開始推測某些理想概念可能會與物理世界的某些部分相關

聯，而提出了「理想與物理」的結合。

行為分類。為了與科學進行比較，回想一下現代化學的前身「煉金術」。煉金術使用許多相同的物理材料（通常同樣純化），卻得出完全不同的理解。根據研究人員圖爾明（Stephen Toulmin）和古德菲爾德（June Goodfield）的研究，煉金術理論的類別是行為的：

> 煉金術理論的起點是亞里斯多德的「發展原理」（principle of development）：所有物質的概念除非受到干擾，否則都會自然地改變和發展。只要適當的餵飼和培養，就會從不成熟成長到成熟或變成成體。煉金術士並不將基本物質視為無生命的或靜止不動的，而是以一種基本的生理學方式，平等地看待所有事物。[原注9]

幾世紀以來，人們都相信礦物質在地球上是有機生長的。因此作為一門實用學科，煉金術力求在實驗室中重現地球的子宮，開創並滋養材料彼此之間的孕育成長。例如，從煉金術士的角度看，把「水銀加硫磺變成黃金」，完全是合理的想法。

若我們將煉金術理論形式化，我們可能會從中提取出種子、子宮和營養等類別。其轉化過程是準備一個合適的子宮（通常是小心加熱的曲頸瓶或蒸餾器），把正確的種子注入其中（例如放一點黃金，可讓更多黃金依附在其周圍生長），接著花幾個月的時間添加營養，就像耕種植物一樣。這種理論的類別，並非透過它們的抽象屬性來描述物理現實的部分，而是透過它們的「作法」來描述。子宮促進生長，種子於焉生長，養分則維持著整個過程。被現代化學稱為不可變元素的同一個水銀，在煉金術裡被賦予的特性是協助黃金成長的「食物」。

　　這種類別上的差異，屬於「理想」與「行為」之間的差異，屬於「我們透過其描述所理解的現實」與「我們透過其栩栩如生的作法所理解的現實」之間的差異。因為他們所認同的是迥然不同的理解集合，所以現代化學家和中世紀煉金術士是以完全不同的方式，理解相同的物理物件和事件。

　　人類學家有時會把煉金術士的世界觀稱為「萬物有靈論」（animism），並貶低為不科學或迷信。儘管如此，我們可以公平地說：時至今日，萬物有靈論確實比科學更普遍地為人採用，即使在「先進」文明中也是如此。如果我

烤了一個蛋糕，蛋糕材料的成分具有的是行為特性，而非理想特性。麵粉、牛奶、雞蛋和泡打粉，各自「做」了一些事情，來為蛋糕成品作出貢獻。化學家可能會根據碳酸氫鈉（小蘇打）被分解成碳酸鈉、水和二氧化碳氣體的可能性，來描述泡打粉之所以能讓蛋糕膨鬆的原因。這種分解在水分和熱量存在的情況下，透過離子化以一定的速率進行。然而，我會說泡打粉只是「讓蛋糕膨脹」，為了確保蛋糕膨脹，我選了一個知名品牌的泡打粉，亦即吸引我購買的這家行為機構（製造商），他們的責任是讓泡打粉可以產生作用。

化學家和我都不會明顯意識到這種在過程中嵌入的非個人化抽象法則（嵌入了「行為特性」而非「理想特性」）。如果蛋糕發不起來，我可能會責怪是製造商的問題。蛋糕不發的例子，不會與我持有的任何信念相互矛盾，至少比起「邁克生—莫雷實驗」（Michelson-Morley experiment）[4] 與牛頓物理學矛盾的意義上更不會一些，因為蛋糕不發只代表了某些事情不起作用。

很明顯地，這種態度在我們與實物的日常應對中被

_____

4　譯注：為了驗證「以太」是否存在而做的實驗。

普遍採用。正如我之前說的，我們越是檢查科學的實際用途，就越會發現它是一門多半局限於實驗室的學科。

更明顯的是，如果沒有對萬物有靈論思想的堅定把握，任何人（即使是最有能力的科學家）都無法堅持下去。例如當我把一口食物放進嘴裡時，通常是因為我相信它味道會很好、可以充飢等，而非因為它含有某些特定分子或符合某些化學規範。而當我跨出一步時，我希望地板能在我不知道其「彈性係數」（彈性變形的趨勢）的情況下支撐我的重量。

然而這些信念可能是錯的：我可能會食物中毒，地板也可能會在我的腳下塌陷。但如果科學從沒被發明出來，或者如果我從沒聽說過卡路里、彈性和其他在科學上理想化的東西，我仍然能透過對於物理現實的萬物有靈論概念，非常滿意地生活下去。另一方面，如果我沒有這種概念的話，舉例來說，如果我只能透過測量碳水化合物的含量來區分馬鈴薯和岩石；或者我在確定眼前地板的工程特性之前不敢貿然走路的話，我可能很快就活不下去了。

雖然可能有人認為科學的理想表達，比行為的萬物有靈論更具優勢，但事實是萬物有靈論對人類生活非常重要，而科學理論並非如此。我日常的物理現實是按行為分

類，並非按理想分類。亦即我的日常生活理論是萬物有靈論的，而非科學理論的。

擴展數位現實

前面如何創建數位現實的相關描述，強調了它們是起源於人類存在的行為經驗。這與洛克（John Locke）的格言「沒有任何一個人的知識可以超越他的經驗」[原注10]呼應，也是「經驗主義」的基本思想。但大多數人都非常善於創造超越經驗的知識，就像作曲家一樣，可以圍繞一個簡單的主題編入和聲與裝飾音。

在調查知識，即數位現實的內容時，DR 理論發現了三種方式，可讓生命和生物擴展其現實來超越與存在進行的簡單互動：

- 許多生物的行為，尤其是人類，都包含了**理論化**，它可用來修改和放大我們超越現有理解所建立的現實；
- 生命的物理觀點已演化出**物種**，也就是創造了獲得新知識的新生命；

- 在理想中，**冪集的擴展**孕育了充滿理解新主題的全新數位現實領域。

這些技巧就像電腦的演算法——執行著一般任務的一般程式。在這種情況下，其任務就是建構新的數位現實。生命辦到這點的主要方式如下所述。

理論化是生物個體會做的事，且不僅限於人類。在 DR 理論中，任何能學習的生物，偶爾都必須進行理論化。但據我們所知，理論化出現在少數其他物種的生活中時只會扮演次要角色；然而對智人來說，理論化可以成為一項有趣的職業。

如果我們宣稱理論化的一個目的是在定義**錯誤**，聽起來似乎有點自相矛盾，但事實確實如此。我們不能把錯誤歸咎於自然事實，認為萬物本來就是如此（藉由理論化才能判斷某個常識是錯誤的）。DR 理論把這種最低程度的自然理解（萬物本來就是如此）稱為**常識**，並說它使用了相同類型的類別來解釋行為、物理或理想等每種類型的數位現實，因而將其形式化了。另一方面，當我們進行理論化時，等於走出了自然理解的路徑；因為我們會使用不同類型的類別來解釋某種類型的現實。DR 理論將這種操作稱為**交叉分類**

（cross-categorization），這是人類擴展知識的常用技巧，本書的其餘部分將對這點進行詳細探討。交叉分類的一個主要目的，是讓我們意識到常識中的錯誤或遺漏。

讓我們舉一個例子，有助於說明常識和交叉分類之間的區別。將水歸類為「液體」是常識，因為物質中的「水」和類別中的「液體」都是物理的。從另一方面看，將水歸類為「化合物」則是理論上的，因為前面說過「化合物」這個類別是理想的，然而水仍是物理的。常識和理論知識之間的區別，不只是學術上的區別。雖然常識構成了知識的基礎，但大多數理解上的進步都源自於交叉分類。例如現代科學主要是基於物理現實的理想分類，我們將在第五章「形式現實」加以解釋。

感知錯誤。 在第二章曾以紅色氣球為例說明「感知」這件事。當時描述過程裡的所有階段都涉及了選擇，因此很容易出錯。把「紅色」和「圓形」的感覺歸類於一個物理類別，可能是錯誤的。舉例來說，圓形的東西可能只在光線的投射下看起來是紅色的；若我們站在一個充滿鏡子的大廳裡，為「紅色＋圓形」這個分類群組添加空間位置可能也會造成錯誤。而自以為客觀地把分類群組從其餘的物理現實分開，可能仍是錯誤的，例如我們直到最後才發

現自己一直看的是紅色氣球的「影片」。

　　每個生物體都努力辨識在物理現實中與自己本身行為感受相當的事物。就人類而言，由於用事物來填充物理現實，只是我們理解這個世界的幾種方式之一，這個事實也讓我們的努力變得複雜。然而人類大部分的努力都成功了。為了欺騙自己，我們必須刻意編造出幻覺和虛擬現實。

　　舉例來說，假設我面前的桌子上有一分硬幣和一角（十分）硬幣，我想知道哪個硬幣比較大的話，我的物理常識告訴我一分硬幣較大（美國一角硬幣直徑最小）；在我感受的行為常識中，一分硬幣看起來也確實比較大。到目前為止沒有問題，也不需要理論化。但如果我把一分硬幣和一角硬幣放在匯聚的線條圖上，產生了一角硬幣看起來更大的視覺「錯覺」時，我的行為常識（它只能不加批判地接受我的感覺）現在告訴我一角硬幣比較大。然而，我的物理常識仍然認為一角硬幣應該比較小。現在便出現了一種可透過多種方式表現的衝突：例如我可能發現想用「更大」的一角硬幣來蓋過一分硬幣的嘗試將會失敗。

　　為了解決這個衝突，我求助於一種感知理論，它會從「我的這種思想是物理圖像」開始；換言之，它把物理類

別應用於我的思想行為上。在這些類別中會有圓盤圖像（或扁平物圖像或硬幣本身圖像，這些都是不同的分類），它們會區隔並分辨我對硬幣的感覺，特別是對這兩種硬幣的感覺。感知理論也會有辨識「相對大小」的類別，而在這個類別下我的思想行為會失靈。使用這種理論，我將能理解我有一個關於物理性一分硬幣的感覺，以及另一個關於物理性一角硬幣的感覺，而我認為一角硬幣比一分硬幣大的想法，是就它們的相對物理尺寸而言。

這種感知理論（即使是此處描述的最基本形式）可為我提供一個重要的新知識，因為我現在已從我對物理現實的常識理解中認為一角硬幣更大——出現了衝突或錯誤。進一步應用感知理論，我便找到了衝突的根源，於是我移動兩枚硬幣直到一分硬幣看起來更大（即衝突消失）。我也發現了感知上的問題，只有在它們位於匯聚線上的錯視位置才會出現。於是我可能透過理解視覺上的錯覺，豐富了我的常識，其中的核心便是「感知」錯誤的概念。

物種形成，可視為生命的完全理論化方式。生命的獨特之處，在於當我們比較一個物種內的個體時，通常可以發現它們大體上相似；而當我們在不同物種間進行比較時，通常會發現它們並不相似。這個結果不光只是我們理

解生物方式下的人為產物，也是由生命本身建構出來的特性。為何會如此呢？物種之間的競爭讓生命不斷進行試誤的實驗，因而提高它對所在之處的物理和行為生態系統的理解。

　　每個生物個體的行為，都包括了物理現實中的兩個主要數位動作：繁殖和死亡。如果個體在死亡之前進行繁殖，便會創造出一個或多個新的物理個體；如果它在繁殖之前就先死亡，便無法創造新個體。創造新個體的機制，是由沿著實體 DNA 分子串起的一系列合成代謝化學反應所組成。而合成代謝反應在化學上是一致的，因此對於物理有機體來說相當適合。一旦被我們稱為某「物種」的個體群體，能產生彼此相似但不同於其他群體的新個體時，群體便可作為一個整體，與其他群體相互競爭。群體競爭的回報便是：成功的物種可演化出新的生命類型，即對其環境更瞭解的新生命。

　　電腦的設計宗旨是模擬生命。如果我們從物理方面來表現生命特徵，合理的方式是把基於微處理器的相關設備，放在其物種等級體系中的某個位置。我們可以在與

「真核生物」（Eukaryota）[5] 相同的分類層級上建立一個新的「域」（domain，現代生物學分類的最高層級），包含電腦、積體電路處理晶片和智慧型設備等。其下的硬體平台則可以像「屬」一樣分類，作業系統則可以像「種」一樣分類……。這樣做的原因在於我們理解到智慧型設備正在與人類「共生」（symbiotic），至少在便利的意義上如此。雖然到目前為止，共生關係的意義多半是指「互利共生」，但「寄生」現象勢必也會出現。因此，把人類物種和我們的機器之間的參與和競爭點加以分類，應該能為人類物種帶來好處。

DR 理論的核心特點是以**冪集擴展**（Powerset expansion）作為一種增加知識的方法，以下是 DR 理論的正式說法：

理想知識的集合是物理知識集合的冪集，而物理知識的集合則是行為知識集合的冪集。

策梅洛—弗蘭克爾集合論的公理將冪集定義為：集合

5　譯注：具有細胞核的單細胞和多細胞生物總稱，包括所有動物、植物、真菌和其他具有細胞膜包裹的複雜結構生物。

裡的所有子集形成的另一個集合，亦即該集合的基礎集合（base set）。讓我們舉個簡單的例子，若一個集合包含三個元素 x、y、z，它的冪集便包含八個元素，這些元素本身都是集合。在集合論符號中，集合 {x, y, z} 的冪集寫為：

{{}, {x}, {y}, {z}, {x, y}, {x, z}, {y , z}, {x, y, z}}。

這個新集合包含所有使用 x、y、z 元素組成的集合，還包括一個不包含這三個元素的集合（稱為空集合，寫作 {}）以及原來的基礎集合 {x、y、z}，即包含所有三個元素的集合。

冪集的威力

希爾伯特（David Hilbert）稱康托爾的無限集合層級為「天堂」時，可能是運用了他的直覺判斷。在許多宗教裡，天堂代表一個將宇宙智慧賜予有福之人的地方。透過將行為、物理和理想形式的理解相互連結後，康托爾的集合論可為建構數位現實的生物提供類似的智慧洞察力。

透過組合其他物件，建構集合可以形成一個新的知識

物件。就像建構一個冪集（由集合中所有可能子集形成的集合）可以創建出一個包裹，裡面包含由相同材料可能製成的所有新知識物件。

請考慮一下上述的冪集範例。若 x、y 和 z 是三個知識的數位物件，它們的基礎集合 {x, y, z} 便可顯示當你把這三個元素放在一起時會發生什麼情況。當知識的冪集包含這些數位物件的所有八種可能組合時，每一種可能的組合都有助於我們瞭解更多關於基礎集合及其元素的知識。舉例來說，若 x 和 z 有一些共同點，那麼在冪集的元素中找到它們作為新的獨立集合 {x, z}（沒有 y），很可能會讓我們知道一些當 x 和 z 元素在基礎集合 {x, y, z} 中（有 y）時無法得到的知識。以這種方式的分解與串連，讓冪集的建構得以在數位現實中，實現基礎集合建立時的所有可能性。

然而這只是一半的故事。在 DR 理論中，集合的冪集不僅向我們展示了它的所有可能性，而且還是以一種新的理解方式展現可能性。如果一個基礎集合是由行為感覺所組成，它的冪集就會充滿了物理事物；而如果基礎集合是物理的，那麼它的冪集就是理想的。除了展示新的可能性以外，冪集擴展還向我們展示了在一個不同且無限大的數位世界中所產生的那些可能性。

讓我們透過一個非常簡單的範例，說明冪集擴展如何在實際數位現實中發揮作用。假設我們正在觀看一個紅色氣球，在我們的數位感知行為中，有一組三種感覺的基礎組合｛紅色、圓形、漂浮｝，就像是前面例子裡的集合｛x, y, z｝的真實範例。由於我們是一種聰明的動物，我們的神經裝置（大腦）能夠將行為集合｛紅色、圓形、漂浮｝轉化為物理集合｛紅色的東西、圓形的東西、漂浮的東西｝。恭喜各位！我們對世界的一般理解告訴我們，這次可以用物理術語來理解我們的感知。

在這一點上，集合論可以介入並提供更多選擇。使用冪集擴展，可以把我們的物理理解分解成多個組成部分。新的可能性集合的物理陳述雖然較長，但其實只是遵循本章前面所寫｛x, y, z｝展開的模式：

　　｛｛｝，｛紅色的東西｝、｛圓形的東西｝、｛漂浮的東西｝、｛紅色的東西，圓形的東西｝，｛紅色的東西，漂浮的東西｝，｛圓形的東西，漂浮的東西｝，｛紅色的東西，圓形的東西，漂浮的東西｝｝

現在沒有 y 的｛x, z｝子集的可能性，變成了一個想像

的物理物件：一個紅色、漂浮的，但不是圓形的東西。因此我們被鼓勵走出去，進入外面的物理世界，建造出一個紅色、漂浮在天空中的風箏或一架飛機。雖然我們唯一能看到的漂浮物氣球是圓形的，但在物理世界中，圓形和漂浮在功能上並不相關。幫圓形氣球充氣可能又快又簡單，但冪集擴展鼓勵我們嘗試用其他方法讓東西漂浮。

除了滿足我們的想像力之外，冪集擴展還能解釋人類與某些動物共有的抽象和歸納心理能力。例如這三種獨立的感知——｛紅色的東西｝、｛圓形的東西｝、｛漂浮的東西｝現在已被物理化，可以很容易對它們添加其他紅色、圓形或漂浮元素而成為類別集合。冪集擴展以預先構思好的分類集合填入我們的思想中，讓我們可以在裡面儲存新的或獨立的知識物件。

你也可以用以下方式考慮冪集擴展：為了將我們的注意力限制在有意義的知識上，生物已演化到只把「集合」視為真實的。冪集擴展便是將集合圍繞著各種可能有資格作為元素的成組物件，來滿足這種本能（我們之所以知道這些物件符合資格，是因為它們已是另一組集合裡的元素）。這也是我們的物種用來激發人類好奇心的基本行銷策略。事實上，這家冪集百貨公司便是透過將潛在知識包裝在方便的盒子

裡進行展示，而讓潛在知識變得更具吸引力。

知識的結構

在 DR 理論中，每個類別集合都屬於第二章討論的理解類型集合之一，也就是行為的、物理的或理想的。使用類別來整理我們的數位現實，可協助我們以多種方式來理解它們，詳述如下。

我們的物理身體對外界存在進行了「類比－數位」轉換，將這些存在從類比的質量，轉換為特定的物件和事件，就是**數位化**，亦即建構數位現實的第一個步驟。這些轉換結果的集合形成了最低層次的現實，因為它們包含了原始存在；而所有更高層次的現實，都是「元素是其他集合」的集合。

數位化到底如何發生？讓我們考慮一個典型案例。假設我的視野裡感受到一種黃色粉狀的東西。如果我是個孩子或沒受過教育的人，我可能對這種感受知之甚少或甚至一無所知。但如果我是一位化學家，我會把自己的感受歸類為可能「看到硫磺」。我剛剛建構的這個類別，關聯著我不知道或無法理解的存在事件的行為集合。這是我數位

現實中的新項目。如果我搞錯了（稍後將討論這種情況），就可能會用另一個類別集合來替換（薑黃粉？咖哩粉？）；但若我關心生活上發生的事，便無法否認這個存在事件本身，因此我必須想辦法對這個事件進行分類。

將**類別**應用於既有的現實上，可向我們展示該現實的某些部分與其他部分有何相似或不同之處，藉以豐富我們的理解。回到看硫磺的例子，作為一位化學家，我當然知道硫磺在物理上如何分類：它很容易碎成粉末狀，燃燒時會發出藍色小火焰，也會發出刺鼻氣味等。我可以測試眼前的樣品，以驗證它是否屬於其他類別，來證明它是硫磺而非別的東西。

將**替代類別**應用於同一種現實上，可讓我選擇理解它的方式，因而也能加深我的理解。中世紀煉金術士和現代化學家，都可以透過行為類別（例如看起來是黃色）和物理類別（例如會產生刺鼻的煙），同樣準確地辨識出硫磺。但化學家的數位現實還包含煉金術士難以理解的理想分類，例如元素硫可以與氫、氧和水結合形成一系列令人眼花繚亂的多硫磺酸（polythionic acid），這是許多化學家花了多年時間研究和分類的結果。硫還能與金屬、鹵化物以及許多有機物質結合，產生各種有用的化合物如糖精、磺胺類藥物和

青黴素。這些化學研究發現之所以能夠實現，大部分是將理想類別應用於物理的化學物質上的結果。

然而，建構集合這麼簡單的操作，到底如何能解開這麼多新的理解呢？當我們創建一個新集合時，我們實現了兩個目標：

- **真實性：**只要在數位現實中讓一個集合圍繞著其他集合，使它們成為它的元素，我們就可以在自己的理解中定義一個新的數位單元。同時，我們也能確定新數位單元的真實性，因為它的每個元素都可追溯到現有的存在。
- **可理解性：**一旦將新組件插入數位現實的類別層次結構中，我們就會對它越來越熟悉。因為它會成為幾個重疊集合中的元素，而每個重疊集合都可協助我們理解該元素。

人類個體的任何知識，都是像這樣由大量嵌套的集合所組成。其中一些集合是為了真實性而建構，它們透過子集合的層次結構深入研究，以便在類比存在的數位化中找到自己的根源。其他集合的建構則是為了便於理解——它

們透過越來越大的類別向上探索，以尋求數位現實裡的行為、物理和理想世界的啟發。

　　DR 理論認為人類只知道我們建構的數位現實。因為它們是數位化的，所以這些現實可以描述為一個「由其他集合作為元素」的集合。如果將嵌套集合視為樹狀結構，它們的樹幹就是行為的、物理的和理想的這三種類型的現實；而它們的葉子就是集合，這些集合的元素都是類比存在的一部分。

　　若人類從未演化，上面這個簡單的描述基本上是正確的。地球上的生命將由這樣的生物組成——它們的行為會遵循「刺激—反應」的時間順序，它們能適應的地區將有所局限，它們的物理行為會遵循身體的「電化學」（electrochemical）[6] 過程，它們的理想原則被編寫在基因組中。然而人類擁有「創新」的本領，所以出現了「交叉分類」，亦即人類學會如果要理解某類型現實的集合，可先將它們放在其他類型的集合中。

　　從理論上看，樸素集合的建構原則允許了交叉分類，因而產生了深遠的影響。就像森林裡不同種類的樹木，突

6　譯注：電能與化學能轉換的科學，屬於物理化學的分支。

然決定共享彼此的樹枝一樣。橡樹開始長出楓葉，而榆樹也長出橡實。大自然並不反對這件事，因為正是她啟動了產生這種能力的演化過程。我們無法保證將真實類別的樹狀結構交織在一起，是否會導致邏輯悖論；但從另一方面看，我們也沒有理由相信現實中的悖論真的一無是處。當愛默生寫了「愚蠢的一致性，是個小腦袋的妖精」（A foolish consistency is the hobgoblin of little minds）時，似乎是在努力從一個充滿麻煩的世界裡拯救我們，讓我們建構的和交叉分類的數位現實，不受束縛地做自己份內的事（包括悖論和一切），因為這樣通常會更有效率。

人類行為交叉分類最驚人的後果，就是大多數人都會生活在「社會現實」（Social Realities）的糾纏中。而幫助我們理解和定義這些糾纏，就是 DR 理論的核心任務，我們將在下一章討論這項任務的初步結果。

第四章
社會現實

數位現實如何驅動人類群體行為？

本書剩下的部分，在於檢視該如何使用 DR 理論來理解人類行為。

1966 年，柏格（Peter Berger）與盧克曼（Thomas Luckmann）這兩位社會學家合著了《社會建構的現實》（*The Social Construction of Reality*）一書。這是一本極具開創性的著作，他們在書中將社會制度視為是客觀現實與人為建構：

> 因此，制度化的世界被體驗為客觀現實。它的歷史早於個人誕生且為其記憶無法回溯的時刻……由於制度以外部現實的方式存在，因此個人無法透過內省來理解制度，必須從外部學習制度、瞭解制度，就像個人必須瞭解自然本質一樣……最重要的是，要記住制度世界的客體性無論對個人來說有多龐大，都是人為產

生、建構出來的客觀存在。^(原注11)

「建構出來的客觀存在」一詞，帶出這兩位作者「現象學」（phenomenology）[1]式地理解世界而否認本體論的問題。DR 理論則採取不同策略，它比較傾向於將制度世界視為以完全客觀的意義上存在於外部世界，但可以透過個別的數位現實在內部理解。這也讓 DR 理論得以將關於制度世界的分歧視為數位化的差異，而非在理解它們「到底是什麼」時，將它們視為錯誤。

人類是社會性動物，而且是成功的物種，這點大部分要歸功於我們在「社會化」（socialization）方面的成功。人類歷史往往以人工製品為核心，因為這是研究人員在考古挖掘中發現的東西；然而每種新工具、居所或爐灶，都必定為產生它的人類社會提供了生存競爭中的優勢。因此，雖然人類在機械和科技方面的發現相當重要，但 DR 理論也同樣重視人類在群體組織方面的進步。

第二章描述的三種基本類型的理解——行為的、物理

1　譯注：現象學是對經驗結構與意識結構的哲學性研究，認為真理本身有超越時空與個人之絕對又普遍的客觀存在。

的和理想的，也一樣滲透到我們組織社會群體的方式中。本章描述了它們彼此交叉分類的六種方式，以及將這些類型的理解聯繫在一起，形成完整「社會世界觀」的兩種方式。透過對個人在行為的、物理的和理想的現實進行交叉分類後，便形成了家庭和宗教這類獨特的社會組織。

社會分類

在 DR 理論的分析中，個體行為的交叉分類是社會化的主要動機與原因。

三種類型的數位現實之中的每一種，都可以與其他類型組成六種方式分出類別，我們可以為這些類別模式的每一種結果賦予社會化名稱。以下便是這六種方式：

類別來源	現實分類	社會化名稱
物理	行為	公社主義
行為	物理	威權主義
行為	理想	智慧思維
理想	行為	正統信仰
理想	物理	律法主義
物理	理想	集體主義

相同的資訊可用圖表呈現：

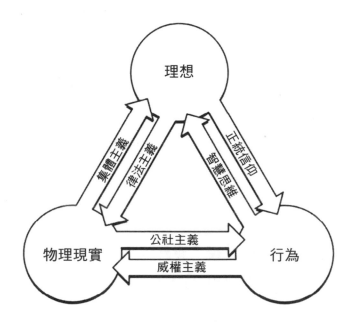

該圖在三個頂點處顯示了三種類型的數位現實。箭頭表示交叉分類的模式，每個箭頭的尾部都來自類別的源頭，箭頭則指向分類的現實。

在每一種交叉分類的情況下，這些類別給出了它們所歸類的現實，亦即正面或負面的價值或它們可能不具備的屬性。正面的價值觀可能包括正當性、罰惡制裁、接受、

值得、必要性等，負面的價值觀可能包括不適合、不道德、邪惡等。

　　舉例來說，當我們使用物理現實對社會情境中的人類行為進行分類時，我們就參與了 DR 理論稱為公社主義（Communalism）[2] 的互動。這是一種社會現實，其行為特徵是由物理問題來影響社會群體；它對個人行為的鼓勵或制裁，則取決於該行為如何影響群體的物理成功或健康情形。事實上，社會現實會將群體的物理需求與個人一系列的行為進行比較，並宣布特定行為是好是壞、是對是錯。

　　公社主義是最基本的社會現實，人類育兒就是一個明顯的例子，親子合作也是公社主義進入個體人格的主要切入點，我們可以透過從嬰兒的角度來理解這一點。就新生兒而言，必須具備特定的物理場景，包括自身的生理需求，例如氣候變冷等潛在有害情況、母親乳房作為營養來源、哭泣作為發出訊號的手段等。一開始，嬰兒本身無力改變這些物理因素，因此它們必須被歸類為在面對最根本回應時無法避免的類別，而且回應本身必須針對另一個領

2　譯注：一種政治哲學和經濟制度，以群體組織內的合作為主，主張公社所有制和高度自治的獨立公社。

域。事實上，它們針對的是行為領域，先有嬰兒的行為（發出訊號），然後是母親的行為（解決問題）。只有透過親子合作，新生兒的存活才可能實現。

因此，我們早期和記憶中最深刻的反應行為，是以孩子和母親的相互作用為主要事件，作為學習和操控的領域；它需要一部分的物理現實，以我們對身體生存的需求為中心，作為我們行為的分類設定。例如怎樣的行為可以靠近胸部？怎樣的新行為會得到母乳？當我覺得冷的時候怎麼辦？諸如此類的問題，充滿了新生兒與個人學習階段的最初掙扎，這些學習也很快就超越了出生時的本能反應。

除了人類之外，許多動物也表現出公社主義的傾向。例如，大多數鳥類在撫養幼雛時，都有形成某種群體組織的現象。同樣地，扶養幼雛的需求情境是物理性的，因為幼雛必須留在巢中，長到夠大才能飛翔，以此避免掠食者和自然因素的危險等。而其解決方案是行為上的，亦即父母會相互合作，而且通常父母要單獨承擔風險或犧牲，直到雛鳥能離開巢穴，自行解決物理環境的問題為止。鳥類在養育後代時的行為，與生命中的其他時期大不相同，便是因為這種群體組織的出現。

米德（Margaret Mead）在 1935 年描述了自治社會的著名例子。一群在新幾內亞東北部塞皮克河地區的阿拉佩什人（Arapesh），生活在一片孤立且開發困難的土地上。由於被貧瘠的山脈保護、與外界隔絕，「該地荒涼到既無附近鄰居覬覦他們的財產，也無軍隊能在入侵之後找到足夠的食物。由於環境如此險峻，他們的生活只剩下艱難苛刻而已。」（原注12）

這為他們的社會組織提供了相當特別的環境，一種由重大的物理性問題組成的環境。米德研究的這群阿拉佩什人，採取了幾乎完全合作的方式來回應環境。他們照料彼此的菜圃、協助建造彼此的房屋、分享狩獵成果，並且幫助照顧彼此的孩子。那些反映公社主義以外的社會組織制度，例如政治團體、私有財產、競爭，甚至家族內部的權力鬥爭，在這裡完全不存在。米德對阿拉佩什人的研究，很生動地描述了真正的公社社會生活到底是什麼樣子。

現代社會偶爾會發展出以社區為主的組織。人們可能會立刻聯想到「公社」，亦即由一小群人合作維持共同的物理環境，而且這種組織偶爾就會流行一陣子。然而如果是在「宗教公社」的情況下，雖然看起來很接近純粹的公社主義，但通常會混合「正統信仰」之類的其他社會組

織；如果是在「經濟生產公社」的情況下，也會混合「集體主義」的面貌。因此，真正公社主義社會的例子，經常只能在人類學家的研究報告中找到。因為人類的歷史證明，純粹的公社主義並非完整社會的持久形式。

當我們把公社主義箭頭轉個方向，就會產生**威權主義**，因為現在是由行為對物理動作進行分類。這是社會學中的熟悉概念，適用於群體的領導者或小集團的意志，對個體成員的物理行為進行分類。那些以行為控制群體的人，可能不僅有特定的個人（如獨裁者），還包括那些制定傳統的人，以及已廣泛散布且強大的行為共識等。例如「我們的父輩做事的方式」和「我們通常是這樣做的」說法，都表達了威權主義。因此，即使沒有引用積極的個人權威也可辦到。

威權主義的物理主題領域會依群體的利益而各有不同：例如誰做哪些工作、如何分配貨物，或是要求、允許以及禁止哪些個人行為，甚至在侵犯權威時如何懲罰個人等。這種社會組織的關鍵（即它與律法主義的區別）在於，其指令的基礎是一套行為規範，而非一套理想。它源於一個群體同意接受領導者的意志、寡頭政治的決定或神聖傳統行為的歷史，來作為整理和規範其成員在物理行為方面的

基礎。

　　威權主義是人類家庭常見的一種組織，尤其是在包括幼兒的子群體中。一旦孩子度過完全依賴親子公社主義來滿足物理需求的幼兒階段後，就會直接進入組織，從父母處接受規定好的行為計畫，其回報是得到父母的允許對物理事物進行個人操控。

　　即使父母比孩子有能力正確看待這些行為慣例，但父母也傾向將規定的行為慣例，視為親子群體的固有行為。換句話說，威權主義在家庭群體裡的出現，是透過一種共同協議，也就是給定某些行為規範，讓其成員（尤其孩子）必須按照這種行為設定來處理物理事物。

　　皮亞傑（Piaget）從兒童對遊戲規則態度的研究裡，以兒童的角度說明了威權主義。例如在嬰兒期之後的幾年裡，兒童通常會把遊戲行為視為不可改變的情況：

　　　規則被認為是神聖不可侵犯的，由大人制定且傳承下去。每個改變遊戲的建議，都會讓孩子覺得是一種犯規的行為。（原注 13）

　　雖然孩子有這樣的態度，但從實際觀察中，卻可以看

到孩子在玩遊戲時，可能會因為粗心而隨機改變了遊戲的物理配置。結果是，孩子正在學習在他自認為無可避免的行為環境中玩遊戲（如彈珠）的身體技能。當孩子被要求進行遊戲時，他們可能會表現出一系列試誤的學習行為；但被要求「報告」這些遊戲具管轄性的行為慣例時，他們又把遊戲規定當成來自不容質疑的權威。

任何受到嚴密監督的工作團體，都傾向於展示威權主義。當一個團體透過單純的合作來實現目標，當然是公社主義類的合作行為；但若其成功與否取決於成員遵循領導者的行為指示來看，該團體就是專制性的。比較簡單的例子便是軍紀，軍中的行為設置相當清晰明確；有時甚至只是為了紀律而紀律。團體中每個個體的一系列行為，都會受到團體組織的嚴格支配。

從更大的範圍來看，高度管制社會的各項特殊職能往往是由專制團體來執行。範圍可能包括從消防隊和警察部隊，一直到在學校門口指揮交通的巡警等。這些專制團體通常還會出現其他的社會組織，因為這種大規模的純粹威權主義相當專制。除了遵守既定的行為準則外，該小組還可能遵從一本「抽象政策書」之類的指導方針。但主要組織的規範當然也會出現在每個群體成員的行動中，每個人

也都按照群體認可的行為慣例進行實體活動。如果無法在行為命令下進行某些訴求的話，就變成純粹的威權主義；如果規定的行為可參照理想加以改變的話，那就是威權主義混合律法主義。

智慧思維（Intellection，智力、智慧的思考）把理想引進社會現實中。許多人可能都過著公社主義和威權主義的混合生活，並不太關注理想。然而不可避免地，他們的自我意識偶爾會被一本書或一場演講提升，這類社會互動的情況被 DR 理論稱為智慧思維。智慧思維會透過行為類別來定義理想，諸如語言或鼓舞人心的行動可以喚醒心中的理想，並將其植入我們的生活中。我們也可能會透過傾聽和觀察，學習到基本的社會抽象概念——真理、誠實、責任等。由此開始，我們的想像力在心靈劇場中加強這些概念：我們會開發原則來掌握一般通性，而非單調的感知而已。在這類活動中，其背景是思考行為，亦即將人類思考概念化的能力。智慧思維的主題是理想而非實體物件，不是其他人的某些行為，而是純粹的抽象思考。

從社會角度來看，智慧思維是由作家、講師、學者和思想家所提出：例如本書便是智慧思維的產物。在較小的群體中，以相對而言較純粹的形式來觀察智慧思維的最佳

地點，就是在教室或研討會上。這些地點的行為設置超出任何個人的思考過程；該團體全體同意加入一項行為計畫（聽課），目的在促進他們共同去探索理想。這項計畫通常包含了盡量減少實體干擾（乖乖聽課）、堅持相同主題（同一門課）、術語方案（使用共通的語言行為）等。此類課堂的紀律相當重要，因此它建立了許多行為基礎，如果沒有這些行為基礎，這種社會組織便不可能存在。這種類型的集體智慧思維教育，對於工業化社會來說相當重要。從這些社會成員通常會把生命中的重要部分（青春時光）獻給教育的事實來看，就能理解它的重要性。

在歐洲歷史的某個階段，智慧思維的活動轉為地下化，才能在抵禦當時政治威權主義的行為環境背景中生存下來。

這些地下化的活動地點，包括在羅馬帝國解體和新教（Protestantism）興起之間蓬勃發展的修道院機構。儘管當中多數人同時也是天主教正統信仰（Orthodoxy）代理人，但他們確實成為了（至少在剛開始時）歐洲最有效的抽象學習來源。他們保留並傳播了很多以前已知、關於理想的知識。而且在修道院的生活中，通常會把固定的行為規範與鼓勵個人對理想的見解相互結合。

智慧思維以理想對行為進行分類，**正統信仰**則是智慧思維的對立面。我們內心的計畫和衝動甚至隨意的想法，都可能變好或變壞，變得誠實或不負責任等。這些就是道德和倫理準則的來源，也許社會正統信仰最明顯的例子就是已經確立的宗教。這是由一個群體制定一套理想，而這些理想被視為是絕對、不容質疑的；因此成員會發展和調整他們的行為習慣，以符合這些被當成標準的理想。

儘管正統信仰與自然神論都與宗教有關，但正統派（透過理想類別來規範行為）必須與自然神論（deism，透過行為命令來規範行為）區分開來。自然神論會有一個或多個具象化的神，神的命令運轉整個實體世界。正統信仰則用理想的「神聖秩序」取代一個行為化、任性為之的「神聖命令」概念，並將其運作範圍從控制物理事件轉移到規範人類行為。這種從崇拜命令和報應的「專制上帝」，到透過良心服從抽象「正統原則」的轉化，在猶太教─基督教的宗教歷史中都有所描述。例如摩西的上帝幾乎是完全專制的，而現代新教教派的神聖指導則主要來自正統規範。各位可以比較一下《摩西五經》（Pentateuch）的開篇「太初有神，創造天地……」與新約開篇「太初有道，道與神同在……」的差別。由於兩者來自於不同的社會行為組織，所

以這些態度很容易個別獨立存在；例如在一些原始自然神論中，存在著沒有正統的專制自然神論；而在儒家等信仰體系中，則存在的是非自然神論的正統。

有些比較不明顯的正統範例，也可以在人類的「社會階級」中發現。有時在複雜社會中的子群體，會在物理現實上具有共同的基礎，例如這些社會階級與土地或財產的關聯等。不過它們的基本關聯性，比較像是商定好的「價值觀或原則」體系下的產物，在社會對這些理想的集體接受之後，每個人都將這些理想應用於日常行為中。這樣的階級往往會脫離社會的其他部分，表現成不同的社會性實體。辨別它們的最佳方式，便是揭示其成員認為對各種社會行為具絕對意義的理想體系。

關於現代社會階級分層的原因，已有很多相關理論。例如馬克思把社會分級歸於物理因素，亦即財產、強制和生理需求等。但在許多現代社會中，群體對理想類別的接受，也會形成同樣有效的分級因素。這種方式會為階級「再分配」的作法造成問題，例如一個人的經濟或法律地位可以透過法令來改變，但如果沒有經歷一段艱難的「再教育」時期，就無法讓同一個人從一種形式的正統轉向另一種形式。這種試圖透過改變個人的物理環境，把個人從

一個階級推向另一階級的善意社會計畫，可能低估了「絕對理想」對這些人的重要性，因為這些理想，往往就是形成階級成員的實際基礎。

人們可能會將他們的階級成員身分（如教會神職人員），與一套特定的道德或道德理論連結起來；這種類似某種社會「信仰」或「信念」的理論化形式，是典型的正統派。在每種情況下，都有一組預設的理想類別（教義），它們或多或少在內部一致，可用來區分這一連串的行為和那一連串的行為。這種理論化的產物往往是一組無可置疑的判斷，亦即對於哪些行為是不好的、應該避免或防止，而哪些行為是好的、應該加以鼓勵的判斷。

律法主義有時會與正統信仰混淆，因為它們都是依賴於理想的類別。但律法主義是一種社會互動形式，是我們用理想來歸類物理的行動而非內在的行為。正統觀念會調節我們的動機和情緒；律法主義則規範我們的物理行動。

社會律法主義的典型範例就是立法機關、法律、法院、執法官員和守法公民等任何法治系統。這種團體跟與正統派一樣採用了一套理想原則，其成員將之視為基本原則並且不容質疑：這些原則就是所謂的「正義原則」。但它與正統有所不同，法制的社會組織試圖規範的是物理事

件而非行為。因為法律制度往往無法控制純粹的思想行為（不屬於實質的物理行為），執法人員會發現很難找出這種思想行為。因此，禁止「不純正的思想」或「不正當動機」的法律，在技術上與律法主義格格不入，然而這種思想上的制裁在正統信仰中卻很常見。

我們一開始可能很難發現，原來世俗法律只關心被區分開來的「物理動作」，而非關心「思想行為」。然而法律禁止和懲罰的不就是反社會「行為」嗎？但只要仔細研究法律理論就會發現，法律總是試圖堅持有形的物理事實。一旦實際的法律程序偏離這種想法，就會遇上麻煩。例如一份起草合宜的起訴書，可能指出被告在特定時間和地點，進行了特定的物理動作，而這些實質動作是法律所禁止的。如果罪行出現意圖、動機或心態等相關行為因素，因而出現法律責任時，就必須透過物理證據（陳述、行為、情況等）來表明這些行為因素必定已存在。在某些情況下，物證會被法律轉化為意圖的替代物件，例如擁有的武器可用來確定其使用意圖。

許多文明的社會生活都是以法律來管理。除了對物理性的實質違法行為實施處罰的法律之外，還有定義財富、財產和政治權力的法律體系。例如貨幣系統是從預先規定

的抽象貨幣價值開始，並用它來衡量公民所使用的物理物件。在這樣的體系運作下，個人接受了物件被套用經濟價值的想法，並利用物件來交換這種價值，彷彿它是是重量或顏色一樣的有形屬性。

在成熟的貨幣體系中，金融價值可能會被歸納為各種在物理實體上並不明顯的物件，例如只是銀行帳務電腦上的磁性紀錄而已。然而，由於法律組織的力量如此龐大，以致採用這套體系的人願意接受這種實質上是渺小微物、實際上卻擁有被分配的抽象金融屬性。類似情況也出現在財產的法律關係中，它能讓有形的物體和土地與人的實體相互關聯，亦即一個社會認定產權的理想概念，就是決定「哪些東西屬於哪些人」的基礎，其輔助過程是將理想特質賦予物理性的法律文書，例如契約和證券等。

民主政治的選舉過程則來自於一種更複雜的律法主義形式。這種重大的政治決定會由計票結果來決定，而且社會中每個成熟的人都只能標記一張選票的慣例絕不可能自然產生。事實上，它是以犧牲實用性為代價來呈現數學上的優雅。然而，為維持或公布這種數學計算的結果，甚至可能會引發戰爭（例如因選舉引起的內戰）。選舉必須基於兩個抽象原則來運作，一是標記選票的數量獲勝者可決定將

遵循的路線，以及第二，合宜的選票標記者（擁有投票權）必須是成熟的人類個體。一旦這些原則被該群體所採納，政治權力的轉移就可以透過一個本質上為數學的過程來完成。

　　社會法則的概念帶出了自然法則的概念，律法主義則產生了涵蓋整個物理科學（物質科學）範圍的「機械論」（mechanistic theory）。每個這類理論的科學社群都採用了某些理想類別，其成員則使用這些類別來探索現實。律法主義的社會組織假定每一個物理事實都完全符合一套理想的描述，因此一旦我們擁有了合適的理想工具，例如一套完整的數學體系，我們就能找出所有關於物理現實的已知和可預測事物。基於這樣的原因，最熱心的機械論支持者通常都是數學家也就不足為奇了。例如在 1796 年時，拉普拉斯（Laplace）[3] 在他的巨著《世界體系》（*System of the World*）中寫道：

　　　　天地之間不斷發生的無數種現象中，人們會被引導去認識物質在運動中所遵循的少數一般規律。自然界的

3　譯注：法國著名天文學家暨數學家。

一切都服膺這些規律；一切都從它們衍生出來，就像四季更迭一樣必然發生，看起來偶然被風吹的塵埃粒子所描繪出來的曲線路徑，就像行星的軌道一樣，有著一種確定的規律。^(原注14)

換句話說，物理現實是由一些理想原則所驅動的巨大機器。數學家最擅長處理這些原則，因此他們似乎很自然地認為，一旦我們知道如何把物理事件與精確有序的數字和函數世界聯繫起來，就可以釐清物理事件背後的神祕運作。

自從伽利略寫了「自然之書是用數學語言寫成的」^(原注15)這句話之後，西方科學家就傾向於認為理解世界的關鍵在於數學和邏輯。舉例來說，劍橋大學盧卡斯（Lukasian）⁴數學教授狄拉克（Paul Dirac），在1963年對伽利略的觀點做了更詳細的陳述：

這似乎是自然界的一種基本特徵，亦即基本的物理定

4　譯注：「盧卡斯數學教授席位」是英國劍橋大學的榮譽職位，授予對象為數理相關的研究者，而且同一段時間只授予一人。

律是以一種非常美麗和強大的數學理論描述的，需要相當高的數學能力才能理解。人們或許可以將這種情況如此說明：上帝是一位智慧超高的數學家，用了非常先進的數學來建構整個宇宙；而人類在數學方面的微小嘗試，已讓我們能夠瞭解一點點宇宙。隨著我們繼續發展出越來越高深的數學，就有希望更進一步地瞭解宇宙。^{（原注16）}

DR 理論對這些觀點的回應是，這段話的作者可能在完全錯誤的地方尋找知識。上帝的角色（如果存在的話）是促使我們透過「演化」來提高我們對宇宙的理解，而不是設置越來越難的數學難題，來讓人類想辦法解決。

接著要談的**集體主義**（Collectivism）是第六種社會互動，亦即以物理現實對理想進行分類。在工業化社會中，群體的集體主義有時會被稱為「社會主義」（Socialism），為包括土地利用、現有商品或生產設施過剩等物理情況，提供了各種類別；也就是說在這種情況下，群體會選擇適合特定物理情況的理想價值或制度原則。

例如在大型團體中，集體主義可能會在物理性（通常是農業或工業）設施的基礎上，採用一套理想的指導原則。

在不考慮法律的情況下，這種社會組織往往集中於定義分配商品的方式，有時甚至會重新修改金錢、財產和個人權利等傳統法律概念。在這種「純粹的集體主義」（pure collectivism）中，假設了物質商品和設施的持續可用性，以證明採用社會主義理想的合理性。

以現代企業為例，最高層的政策通常會以集體主義的方式運作。儘管對外部而言，公司是律法主義的產物，但在公司內部則會傾向創建自己的組織。在政策層面，公司資產構成了員工展開工作的物質基礎。在員工當中，政策制定者則會負責確定哪些理想（例如公司的原則、目標、指導方針等）可符合資產的最佳利用價值。公司管理階級的最高層，會從物理事實的背景中開發出抽象的業務方針。

個人的社會現實。雖然 DR 理論將人類社會現實劃分為六種類型，但不應被理解為這在暗示任何人都曾設法在單一人格中努力建構這些現實的完美和諧與平衡。舉例來說，就像著名的佛洛伊德在分析典型的親子關係時，得出結論認為「衝突是常態」一樣（並非完美和諧）。而目前許多實用的婚姻諮商，都是致力於管理代表現代婚姻的特徵，亦即公社主義（共同生活的目的）和威權主義（共同生活的行為規範）的轉化關聯。DR 理論支持這類分析的主要目標，就

是在揭開不同類型的社會現實，以及建構它們的本體論現實類型之間的各種「關聯」。

舉例來說，一個真正的威權式政治政權，將會選擇在行為現實和物理現實之間自我管理，很少會考慮到理想。因此，這種政權（納粹）在 1939 年（二戰）被整個世界發現惡行後，不太可能會回應在「理想」上的各種爭論。同樣地，正統信仰的宗教狂熱者最看重行為和理想，因此對他們進行人身威脅或獎勵很少奏效，諸如此類……。社會性的世界可能是個瘋狂的地方，但有時在其瘋狂中隱藏著方法。使用集合論和經驗資料，DR 理論便可協助揭示這些方法，並建議如何運用它們。

世界觀

事實上，大多數人在日常生活中，都會偶爾用到剛剛描述的六種交叉分類。然而，為了維繫我們的生活，每個人通常都會建構出一種**世界觀**。在這種個人的觀點中，三種類型的數位現實——行為、物理和理想——都是交叉分類的，而且也會被當作其他類型現實的類別，因此不會有鬆散或冗餘的類別。

只有兩種可行的方法能做到這點。DR 理論將這兩種方式稱為個人主義（Individualism）和國家主義（Statism），我們可以用兩個簡單的圖表來概括：

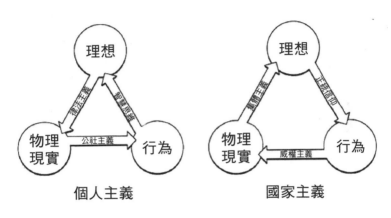

個人主義　　　　　　　　　　國家主義

　　被 DR 理論稱為**個人主義**的世界觀，始於人們共同行動以建立一個群體的物理環境。這會導致其中一些人對可能支配該環境的「理想」進行智慧的追尋，一旦發現理想後便被合法應用，讓整個物理環境更趨完整（理論形成完整封閉的環型結構）。至於 DR 理論稱之為**國家主義**的世界觀，始於現有的物理環境，這種環境通常需要理想上的集體維護。因此被採納的理想，會形成一種規範人們行為的「正統信仰」，藉以證明專制主義對人們行為的規範是完全正當的（同樣形成封閉環）。

這兩種世界觀理論的環形結構都可以把自己隔離，避免受到另一種世界觀的質疑。每個封閉環中的所有交叉分類，都可以在內部得到滿足，而且兩種世界觀之間並沒有「重疊」的問題。在個人主義或國家主義世界中可能出現的每個問題，都可以透過該世界中的類別來回答。因此，每一種世界觀都能傳達出完整和確定的舒適感。它們分別為六種社會互動模式中的其中三種提供了相互的支持，並進而貶低其他三種互動模式。

總而言之，個人主義通常傾向於支持公社主義、智慧思維和律法主義，同時積極遏抑社會性的威權主義、集體主義和正統信仰。國家主義則與個人主義對立，通常是鼓勵威權主義、集體主義和正統信仰，同時阻止公社主義、智慧思維和律法主義。這些世界觀的影響在人類行為史上的案例非常普遍，足以個別分析它們通常如何在實際社會現實中發揮作用。

個人主義之所以如此命名，是因為它傾向於「強調個人而非群體」對物理現實的行動。在公社主義階段，物理狀況會導致團隊成員之間的合作，亦即一起分擔工作的協議。這種合作行為接著會變成探索和建立群體理想的基礎，然後這些理想變成一套明確規定的法律體系，亦即法

律會針對實際的情況和彼此的行為來管理群體成員。在抽象法律規定的干預狀態下，可保護群體中的個人免受直接的行為制裁（只要守法）。因此，他們是在理想的指導方針下工作，而非服從某些個人的命令。該組織的運行是藉由律法主義的內容，而非國家主義的威權主義狀態；它所建立出的是法治，而非個人統治。

值得注意的是個人主義的世界觀，在那些物理狀態較「按機遇而非按危險」分類的群體中更為有效，因此往往會被「隘墾社會」（frontier society）採用，也就是鼓勵個人建造、採礦或種植的社會。國家主義則往往被受到外來威脅的社會所採用，在這種社會裡，個人被鼓勵團結起來抵禦威脅。兩者在有效性上的差異，似乎源自於個人應對物理狀況的不同處理方式。在個人主義的情況下，每個人的回應都被抽象地分類（透過法律體系），個人必須解決細節問題；而在國家主義者方面，這些回應則是由行為來決定和判斷。也就是說，個人主義支持個人創造力，而國家主義強調個人服從他人制定的規範。

個人主義在人類生活中的其中一種基本表現，就是溝通。它的三種社會分類，非常適合讓語言發揮作用。公社主義在物理上對口語或書寫行為進行分類，讓詞語和表達

擁有具體含意；智慧思維在行為上對理想進行分類，以便讓語言的時態和語氣可以用口語行為來表達，智慧思維還能創建修辭比喻並協助抽象的口頭表達；律法主義則可規範語言結構的形成，以便讓一個人所說或所寫的內容，能被另一個人分析與理解。

在人類的溝通裡，這整個由三個部分組成的分類循環可概括解釋為：我們將物理事物分類對應於與它們相關的小部分語言行為；然後語言行為成為理想系統的使用基礎；接著，理想系統便能用來調節我們實際產生的物理聲音或標記。

在人類以外的動物中，溝通主要藉由某些物理現實的聲音，或是模仿同類的動作所組成。我們人類透過連結三個交叉分類，為理想的系統化加入了干預階段，讓我們的溝通逐漸具有現代人類語言特有的典型特徵。如此一來，增加了我們可以交流的主題範圍，並擴大我們可以理解的現實範圍。

從哲學上來看，個人主義偏向唯物論而非唯心論。舉例來說，唯物論會問：「什麼是行為？」回答是：「它是生物體表現的物理事件。」接著它會問：「什麼是物理事件？」回答則是：「它們是理想在自然法則上的體現。」

最後它會問:「究竟什麼是理想?」結論便是:「它們是由人類行為產生的概念。」這是一種普遍的、世俗的、腳踏實地的世界觀,也是許多現代實用知識的基礎。它沒有喚醒任何其他世界(無論精神上或理想上)的打算,而是將其所有的解釋都寄託在世俗的、經驗的、科學的概念上。透過將三種主要組織包含在一個解釋循環中,似乎就能比以任何組成的交叉分類更巧妙地解決所有未解疑難。

然而,個人主義表現出一種令人感到不安的「絕對性」缺失,因為一切似乎都可以用別的東西來解釋,而且這樣的解釋永無止境。因為這三種分類,每一種都受到其他類別的支持,似乎沒有一種可以單獨解釋現實。接下來將要討論的國家主義,則透過支持一種「概念」(亦即理想世界精神的存在),以「定義」和回答所有問題,來解決絕對性缺失的問題。

國家主義是三個交叉分類的相反循環,每一個主題領域都為下一個領域提供類別。在這個循環中,集體主義根據物理事實對理想進行分類;正統信仰則以這些理想作為規範行為的基礎;威權主義則使用行為來規範物理交易,因而可以封閉此一循環。

國家主義世界觀的大部分連貫性,源自於組成階段

之間的連續支持過程。我們可以舉一個例子來說明國家主義的三個組成階段如何對整體作出貢獻。假設有一個相對複雜的社會受到敵邦入侵的威脅，這種外在的物理狀況，便可為「集體主義階段」的一系列理想發展提供類別。這些理想通常包含了軍國主義概念：例如為國家服務的願望、將戰爭當作一種光榮職業的想法等。這些理想現在成了正統信仰的基礎，通常因此創造出新的社會階級，如武士階級等。「正統階段」會定義某些行為範例並賦予它們價值，包括勇敢、服務、榮耀等，而這種行為最後便成為「威權階段」的基礎，得以決定必須執行的物理行為，例如製造武器和建立防禦工事、徵召公民服役、發動戰爭等。

請注意，最初的物理問題（敵邦入侵）現在正透過軍事報復的作法從物理上解決。然而，這個解決方案卻是透過一個有點迂迴的社會分類循環得以實現，這種循環明顯改變了社會的行為、物理和理想現實。

我們可以考慮一個典型的替代方案，以理解國家主義世界觀的有效性。同樣在本例中，另一種應對敵邦入侵物理威脅的方法，就是將公社主義和威權主義加以並用。該物理問題可能導致群體成員之間共同合作，以及群體

行為計畫的採用；也可能成為威權命令個人身體行動的基礎。在首領領導下的社會中，可能會聯合起來面對威脅，而首領會被授予領導群體戰鬥的權力。這種面對威脅的反應在「小型社會」中相當常見。相較之下，中央集權組織提出的是更複雜的解決方案，但最終證明它確實更有效，在「大型社會」中尤其如此。請注意，國家主義者對物理問題的第一個反應並不是行為上的，而是理想上的：國家主義者不是只有組織武力採取行動，而是著手創建一種制度，一個認同理想的系統。然後制度（非物理問題）便成為具有階級差別和行為規範的設定。只有在制度完成後，該組織才準備採取威權行動，在戰場使用實際行動來對抗原來的物理威脅。

中央集權世界觀的有效性，在較小的群體中也很明顯。我們可以舉一個已經過充分研究的例子，也就是現代的大型企業，是從更簡單的（通常是威權的）小型公司中成長起來。以下將透過把企業行為分為三個管理層次，來揭示其所隱含的三個社會階段（集體主義、正統主義和威權主義）。正如我在前面提過的，最高層的決策建立者執行的是「集體主義」。他們會從公司資產的主要物理設定開始，努力形成一套一致的通用原則（理想）來管理資產的開發。

下一層的中階管理人員，把這套理想作為定義特定行為模式的基礎，而這些模式的目的在於符合上層的抽象概念。他們依此選擇員工、編寫工作說明、發布一般指示，並且監控員工績效。他們的工作便是「正統」的實踐，讓決策者制定的理想轉化為員工遵循的行為。到了最底層，員工和他們的主管採用「威權」組織，按照規定的行為制度操縱物理事物。中階管理人員制定的工作指令到了底層員工手中，成為在公司所做工作的物理動作序列設定。反過來看，這些工作也會改變公司的資產，讓最上層的決策者看到新的物理情況。如此一來，管理的循環就形成一個封閉的循環。

國家主義展現出簡單組織（如上述公社主義加威權主義的小型社會例子）所沒有的兩項特徵。首先，採用國家主義的群體，在解決慢性、長期或大規模的問題上，可以取得更高的效率。從軍事國家主義的例子來看，它創造出諸如永久性防禦工事和專業戰士隊伍之類的存在。相對於較簡單社會的臨時戰鬥團體來說，這種團體可能只是暫時團結起來完成工作，等威脅消除便會解散。第二項特徵（與第一項特徵相關）則是國家主義組織創造出來的東西，例如軍事機構或公司部門比較可能存活下來，亦即創造它們來解決最初

的問題之後還能繼續存在。這是因為這種世界觀的每個階段都能對另一個階段有所協助，而且沒有一個階段與最初的問題直接相關。

舉例來說，各位可以考慮一下當我們質疑軍事組織的有效性時會發生什麼情況。如果從物理的部分發問：「為什麼群體需要軍隊、武器和防禦工事？」答案就是這些都是發動戰爭行為所必需。如果我們再問：「為什麼要發動戰爭？」答案就是這種行為可以支持必要的理想，包括自由、自決，也許還有榮耀和命運。而如果我們最後再問：「理想從何而來？」答案將是它們適合該社會的物理情況，包括其自然資源的價值、戰略地理位置，甚至其成員的生理素質（安心無虞的生活）等。

儘管軍事機構的建立，等於來自對物理情況的實體反應，但由於其生成組織（軍隊）中的干預行為和理想因素，讓上述論點傾向於對其進行不同的解釋。這種迂迴的解釋，往往會保護國家主義者的組織免受批評。其解釋循環是：物理部分因行為原因而維持下去，行為來自理想原因的追求，理想則因物理原因而產生。即使這些理由整體看起來不合理或者有點過時，但單獨看來可能都是合理的。因此，讓國家主義組織能更有效地處理大型、長期問題的

相同因素，很可能也會讓這些組織在問題解決後能夠繼續存在。

　　事實上，像國家主義這樣的「循環三相組織」產生了無窮無盡的一系列解釋。物理現實與行為有關，行為指的是理想，而其理想則代表了更多的物理現實。這種過程也被理論化，其結果可能會被稱為「一般唯心主義」（general idealism）[5]。當它們發展成一個完整的哲學理論時，它提供了一系列的三種解釋：什麼是理想？它們是世間事物的完美形式；什麼是世間事物？它們創造了行為的世界精神；由什麼推動了世界精神呢？它的命運是依據理想的規劃而展開。這種三階段理論方式的背後蘊含了許多東方哲學，如果在歐洲傳統中舉例的話，最接近的代表可能就是黑格爾主義（Hegelianism）[6]。它可能比前面討論過的兩種世界觀方式來得更複雜、更難掌握，但它也能提供更豐富的概念。因為黑格爾主義同時涉及到這三種類型的數位現實，而且它似乎是以前後一致的方式，涵蓋了能比簡單哲學帶來更多推理的領域。

5　譯注：唯心主義主張人類所能感知的現實世界，都是以心智為基礎、建構於心智之上。
6　譯注：黑格爾是德國 19 世紀唯心論哲學的代表人物。

前面討論的這兩種世界觀都是有代價的。例如，純粹的個人主義可能充滿危險和不公，但卻支持了自由公社主義的熱情和智慧思維的刺激；至於國家主義雖然提供了人身安全的保護，但卻以正統和集權控制為代價。如果想要找到兩者的神奇結合點，似乎只會產生衝突和浪費生命。

默認的世界觀。我們可以把國家主義對社會現實的建構，視為組織人類和動物群體的「默認」方式，因為它支持了生物生存和演化的基本方式：

- 理想透過基因傳承對行為進行分類。當我們試圖理解動物行為時，主要是依據動物的「物種」來架構我們的解釋。個體行為可能由局部的刺激所觸發，但反應通常是由本能或其他遺傳特徵所形成。因此我們可以預測，同一刺激可能會觸發狗和貓的不同行為。為了瞭解發生什麼情況，我們可以參考犬科動物和貓科動物習性的理想模式。

- 行為透過「刺激—反應」對物理現實進行分類。有機體會對其物理環境做出行為反應，因此行為可以用來解釋有機體的物理動作。在植物和原始動物中，大多數的反應是由物種和更高的類群所決定

（簡單反應）；但在高等動物中，它們可能來自個體的學習。例如在人類中，可以發現廣泛的理想分類，而大多數物理動作都會按行為分類。行為對物理環境的影響，形成了生命的標記（複雜反應）。

物理現實透過天擇對理想進行分類。包括組織結構、遺傳密碼路徑、反射模式等⋯⋯即這些由生物個體中的遺傳和表觀遺傳密碼控制的部分，到底是由什麼因素決定理想的生命機制？這些遺傳密碼是透過 DNA 等分子的物理複製，從一個人傳遞到另一個人身上。而在這種遺傳方式下，如果個體的物理生存及繁殖成功的話，其遺傳密碼便被歸類為有利的；而當一個個體無法繁殖時，其遺傳密碼將被隱匿並被歸類為不利的。這便是達爾文的開創性見解，他把斯賓塞（Herbert Spencer）說的「適者生存」理論，拿來用在自然界的天擇與動物飼養者人擇（如養鴿者）上進行比較。事實上，遺傳密碼是根據它們所在的個體生物所受到的物理生存和繁殖情況來進行分類。

因此，每個有機體建構自身及其數位現實的行為，完全跟整個國家主義類別關聯在一起，而非靠個人主義。這種結果其實可以預料得到，因為生命成功的主要方式是形

成「物種─集體主義」的有機體群體，並針對環境測試得到理想模型，而非透過產卵的每個個體都單獨為生存而奮鬥的方式。

科學與宗教

個人主義和國家主義之間的差異，有時會與科學和宗教之間的競爭有關。DR 理論認可這種關聯性，將個人主義和國家主義視為社會行為的替代模式，而且科學和宗教有時會作為它們的核心信念。因此，DR 理論會把科學視為許多個人主義社會的核心信仰體系，而將宗教視為許多國家主義社會的核心信仰體系。如表格所示，藉由交叉分類可以解釋它們的差異。

科學：

類別來源	現實類別	核心信念
理想的	物理的	事件遵循法律
行為的	理想的	人類精神是自由的
物理的	行為的	生活是唯物主義的

宗教：

類別來源	現實類別	核心信念
行為的	物理的	上帝掌管世界
物理的	理想的	人類精神是受限制的
理想的	行為的	信仰是人生的目標

當我們建構數位現實時，科學與宗教之間的差異最為明顯。由於在這些建構裡，有許多是在社會背景下發生的，也就是說是在社會群體的幫助和社會群體的制裁下發生的，因此我們可以澄清科學和宗教的社會角色，列出以下這些背景：

現實建構	社會背景	核心信念
物理的： 科學的 宗教的	 律法主義 威權主義	 事件遵守法律 上帝掌管世界
理想的： 科學的 宗教的	 智慧思維 集體主義	 人類精神是自由的 人類精神是受限制的
行為的： 科學的 宗教的	 公社主義 正統信仰	 生活是唯物主義的 信仰是人生的目標

個人自由

　　如同個人的行為一樣，政府的行為當然也有好有壞。
衡量政府「好壞」的常見指標（例如美國政府評級機構「自由
之家」，Freedom House），就是其公民所能享有個人自由的多
寡。從這個意義上來看，個人自由通常被定義為不受政府
脅迫的自由。實際上，最鼓勵個人自由的政府，通常就是
把政府本身的行為、物理和理想權力，分配給不同管理機
構的政府。

　　一般認為在 18 世紀的法國哲學家孟德斯鳩（Charles
de Montesquieu），最先提出許多現代政府採用的「三權分
立」。在 1748 年的作品《論法的精神》（De l'Esprit des Lois）
裡，孟德斯鳩確定了政府的三種職權：立法、行政和司
法。他得出的結論是：只要一種以上的職權結合在同一機
構中，就會導致個人自由的喪失：

　　　　這類議題所說的政治自由，必須源於每個人對自身安
　　　　全能感到內心平和。因此為了擁有這種自由，政府的
　　　　組成結構必須能讓其中的任何人都不必畏懼其他人。
　　　　當立法權和行政權集中在同一人或同一組行政官員手

中時，自由就消失了。因為大家可能會擔憂、害怕同一君主或元老院，制定出暴虐的法律，並以嚴酷的方式執行這些法律。

同樣地，如果司法權沒有與立法權和行政權分開的話，也一樣不會有自由。當司法權與立法權結合後，個體的生命和自由就會受到隨意的控制，這是因為法官同時也是立法者。如果司法權與行政權結合呢，法官便能執行暴力和壓迫的行為。

如果是由同一人或同一團體（無論貴族或平民）來行使這三種權力，亦即同時擁有制定法律的權力、執行公共決議的權力，以及審理案件的權力時，個人自由便將蕩然無存。（原注 17）

我們在此看到了在社會現實建構中揭露的交叉分類。政府透過行政權，對其國民產生物理上的影響，因為行政權可用來逮捕人員和沒收財產；立法權可為國民設定行為規範；司法權則為國民定義了理想的價值觀。

只要這三種權力個別獨立建構類別，讓每個類別將一切客體分別結合在不同的力量中，整個交叉分類機制就會發揮作用。社會中的每一種權力，都可以把其他權力當成

是嘗試性的、可能出錯的類別，因而能更細心地為其他權力賦予意義。

　　一個典型的政府在將其物理權力、行為權力和理想權力分開的情況下，物理權力得到授權，能實現行為權力所通過的法律來建構出物理物件，例如修建道路、堡壘、監獄等，並提供人員進行管理。如此實行的時候，物理權力必須注意不要違背理想權力建構的「權利」概念。行為權力則根據社會群體的需求建構法律，但也必須注意不要建構出物理權力不會或無法執行的法律，也不應建構可能會被理想權力歸類為非法的法律。理想的權力則必須試圖摘要表達社會現實中的普遍模式，並做出「既不會削弱物理權力，也不與行為權力矛盾」的判斷。

　　這種政府權力的平衡，反映出它所管理的社會群體中每個內部成員在交叉分類上的平衡。例如在一群傾向國家主義的個人中，該群體的物理權力運作（用現代術語來說，即政府的行政部門），通常在行為上被歸類為「威權式」的社會建構方式；而傾向個人主義的群體，則通常會以理想分類為「律法式」的建構樣式。同樣地，就國家主義來說，該群體的行為立法部門將被理想分類為「正統化」的運作；而個人主義則會在物理上將其歸類為「公社化」的一個實

例。最後，國家主義會把屬於理想的司法部門，在物理上歸類為「集體化」，亦即一個控制物質交易的機構；個人主義則會在行為上，將其分類為司法「智慧」的運作。

個人主義支持群體內的個人自由，因為它使用「理想」來交叉分類群體成員的物理行動，而非使用「行為」來分類。在個人主義群體中，「理想」可能被記錄在憲法和法律中；而在國家主義群體中，對成員的物理行動進行分類的「行為」，則多半來自領導者、統治階級或行為傳統。

我在先前關於個人主義與國家主義的討論中，將國家主義描述為組織人類群體的「更自然的方式」。只有個人主義才能抵消國家主義的缺點，然而要將一個群體拉向個人主義，其成員必須在三種現實之間保持明確的區分；這就是孟德斯鳩的觀點。當分類重疊時，例如當行為命令取代理想法則時，個人主義就會消散，個人自由也可能喪失。

意識

DR 理論支持其附屬的「意識」（consciousness）理論。

雖然它對 DR 理論本身來說並非必要，但對意識的理解，可以協助我們瞭解知識到底如何獲得與儲存？

心理學家傾向將幾種可區分開來的心理過程，歸納在「意識」的標題下。例如平克（Steven Pinker）列舉出「意識」，可能代表的人類經驗三領域：自我理解、獲取資訊和**感知**等[原注18]，其中的「感知」最難分析。平克在寫到關於感知的文章說：「我完全被打敗了！」許多其他思想家也同意這點。

在「硬科學」（hard sciences）[7]中，當我們檢查知識物件時，知識物件應該靜止不動；然而，我們卻很難掌握「意識流」的滑溜、自我參照的本質。詹森博士（Samuel Johnson）援引洛克（John Locke）的話，把意識定義為「對一個人腦中流經事物的察覺」；詹姆斯（William James）則指出，「自然界中最無法改變的藩籬，就是一個人的思想與另一個人的思想之間的差異」。因此就感知的形式而言，意識是人類數位現實的一個獨特領域：一個屬於個人的、私密的，最重要的是，只有自己能夠知道的領域。

在人類演化史上，「意識」的理解可能來得有點遲。

7　譯注：其理論或事實可以精確測量、測試或證明的科學。

心理學家傑恩斯（Julian Jaynes）在其 1976 年的書中指出：
人類的意識是社會演化的產物——至少在中東地區，大約
是在西元前 2000 年才開始發展。在他的描述中，早期人類
的精神狀態主要涉及物理現實。大多數社會現實都被統治
者和神靈的集權命令所支配，在平民體驗中被客觀化為內
心的聲音。但由於人們必須面對日益複雜的文明和政治制
度，因此開始發展出個人的感知。傑恩斯總結說道：

> 意識主要是一種文化的引介，是在語言的基礎上學習
> 並傳授給他人，而非任何生物學上的必需品。 ^{（原注 19）}

DR 理論傾向同意這種說法，因為單純的意識不太可
能會在處理物理世界時帶來重大好處。對物理現實做出意
識反應，意味著對那件事做了這件事；而進一步意識到我
正在做這件事，並不會增加做事過程的效率或有效性。然
而，當一個人面對社會現實情況時，知道我可以選擇這樣
做與不是我而是其他人的選擇或事情不是照我的意願發生
……等，這些情況之間的差異相當大，因此意識可以幫助
任何個人成為社會上的有效「參與者」。DR 理論認為，這
就是意識在社會中的作用，以及意識在人類生活中存在的

理由。

沙盒測試。在電腦軟體的開發過程中，程式人員可能會創建一個「沙盒」（sandbox）來協助測試新的程式代碼。沙盒是指軟體系統中的一個功能性區域，這個區域雖然可以使用系統服務，卻無法與系統的其餘部分有所交流。開發中的程式代碼可以在沙盒中安全地進行測試；若測試過程出現故障或閃退，帶來的損害將僅限於沙盒內，很快就可以修復。

我們可以把「意識」想像成是一種**社會沙盒**，是人類（也可能是其他動物）的數位現實領域，可以在不被公開的情況下，發展完成各種思想和計畫。只要把自己與正常生活的「刺激—反應」活動隔離開來，這種區域便能選擇想要思考的內容（就像《亂世佳人》裡的郝思嘉說的：「……我明天再想那件事！」），以及如何對其進行分類（就像《愛麗絲夢遊仙境》裡的蛋頭先生所說：「當我說了某個字，就代表我選擇這個字的意思，不多不少！」）。透過把知識作為沙盒中的集合來進行操作，我們就可以把物件與類別互換，以在任何場合都可能覺得不切實際的方式，讓我們的「想像力」建構現實。

符合 DR 理論的意識理論，也可以從心理學的其他領域引入概念，以加深我們對感知現實的理解。舉例來說，

佛洛伊德的「本我、自我和超我」的想法，就像是某些特定類型的物理、行為和理想等個人人格組成的「沙盒代理」想法一樣。

在 DR 理論中，意識的社會沙盒，提供了位於我們的社會現實和個人現實（在下一章討論）之間的重要入口。假設我在工作時看到同事桌上放了一碗水果。這時我剛好意識到自己餓了，而且碗裡有個蘋果。如果我不瞭解社會習俗，我可能會走進房間，拿起蘋果來吃。但是當我建構了在工作上的社會現實時，這碗包含蘋果在內的東西被我分類為「別人的財產」。蘋果所獲得的社會屬性等級便與我的飢餓無關。

現在我的意識沙盒中出現了一個解決方案。我意識到我的新陳代謝需求（餓）與蘋果相關的社會限制（別人的）之間的衝突。於是我思考可能獲得蘋果的方式，建構了一個場景：我走到我的同事面前說：「你帶來的水果看起來很棒欸！」我知道這位同事是相當慷慨的人，他可能會回答「請吃吧。」如果情況真的如此，我會接受並吃掉他的蘋果，然後明天我會帶自己的水果與他分享。

第五章
個人現實

在日常生活中建構數位現實

研究交叉分類的不同結果後，DR 理論發現了某些建構的技巧會比其他技巧更常見。上一章描述了個人主義和國家主義兩大世界觀的建構。每一種世界觀都是透過將六種交叉分類之中的三種，以此形成一個「無限循環」而完成建構。

本章將描述了三種更個人化的現實建構技巧，每一種都是結合兩種互補交叉分類的結果。DR 理論將由此產生的現實稱為自然的、形式的和精神的。它們是人們每天建構和瞭解的現實，也是「作為人」和「活著」不可或缺的部分。由於「每個人看世界的方式都有所不同」，所以它們還可以作為個人性格的粗略定義。

為了讓接下來的討論更加清楚明瞭，我保留了在第四章中用來辨識交叉分類類型的社會學名稱。儘管個人建構

數位現實是源自超出群體行為的原因，但在我們的社會群體中，我們經常向他人學習到建構技巧，並將此技巧傳授給其他人。因此，「個人現實」可說是我們通常想與朋友分享的「個性」取向。

個人的分類

本章將討論 DR 理論稱之為**生活方式**（lifestyle）的三種常見方式。它們可藉由主要的交叉分類，透過集合論來加以區分。每種生活方式都可以透過它們認可的最小值（Minima），以及它們收集到的代幣（Token，替代物件）作進一步的區分。後面兩種比喻的概念，只是用來作為辨識生活方式的簡單線索：

- **最小值**指的是每一種特定的生活方式，在數位現實中設定為真實且不可再簡化的理論物件。
- **代幣**指的是從事某種特定生活方式的人，傾向於創造和積累的物件。

下表顯示了典型的最小值和代幣：

生活方式	類別	最小值	代幣
自然的	行為的與物理的	原因	財產
形式的	物理的與理想的	元素	事實
精神的	理想的與行為的	價值觀	行動

以下是該表格每一列的說明：

- **自然的**生活方式，將行為現實與物理現實交叉分類，每個數位現實都提供類別來解釋另一個數位現實。從事自然生活方式的人，傾向用**原因**來解釋他們的世界（例如「風把蘋果吹落」）。因果關係是相當有吸引力的解釋，因為同一個知識物件可在行為上（A 讓 B 做了某事）和物理上（兩個參與者都是物理事物）分類。

- 在自然生活方式中積累的代幣，通常是需要行為能量來獲取和保護的物理**財產**，像是財富、資產和受到別人認可的確據等。收集這些東西是因為它們構成了「成功行為」的物理證據。

- **形式的**生活方式，將物理現實與理想現實交叉分類。許多科學家和技術專家都喜歡這種模式，並視

他們的世界由有形和抽象的**元素**所構成。例如物理學中的次原子粒子是物理性的，是物質和理想的組成部分，因為它們具有完全相同的屬性。

- 形式的代幣，包括被普遍認為在科學或**邏輯**上得到驗證過的「既定**事實**」，認可這些事實，通常有助於提升個人建構數位現實的其他價值。

- **精神的**生活方式，將行為與理想交叉分類。由於缺乏物理現實，以這種方式生活的人往往表現得像「來自另一個世界」。他們通常是根據自己的**價值觀**而非物質需求來生活，也可能把整個世界視為道德試煉場，而非充滿物質的工作坊。

- 精神代幣通常是行為上的**行動**，例如具有美德的行為呈現的是更高的價值，而非更高的物質成就。

上述生活方式在底下將有更詳細的描述。

自然現實

公社主義從物理基礎上理解行為；威權主義則在行為基礎上控制物理現實。每種類型的交叉分類都為其他類型

提供類別：

類別類型	物件類型	社會學的類型
物理的	行為的	公社主義
行為的	物理的	威權主義

　　把公社主義和威權主義協同應用，可幫助我們建構人類生活中最普遍的完整現實。而第三種類型的現實，亦即理想，在此並不存在。人們可以把「自然現實」視為非意識形態上的生活。

　　我在對社會中的公社主義和威權主義的討論中，提到了它們對人類家庭的重要性：公社主義是養育幼兒的方法，威權主義則是訓練幼兒的方法。作為生活方式，它們融入了所謂的家庭生活中。物理條件為公社主義對行為的改變提供了環境，從而導致群體合作，以實現家庭目標；行為則是家庭成員對物理行為進行威權管制的背景，在兒童和成人的混合群體中產生有效用的結果。

　　雖然對大多數的典型家庭來說，這種組織是出現在具有共同物理目標，或是需要集體有效解決問題的任何相對較小的群體中，例如部落和氏族、軍事單位、勞動族群、專案計畫團隊、探索小組等，但在相當程度上，他們的行

為舉止仍像家庭形式。因此，這類群體展示出了類似的生活方式。

作為一種生活方式，公社主義加威權主義在「原始」人群裡佔據主導地位，這些原始群體可能把大部分時間花在維持彼此之間的社群合作，或是服從領導人或傳統的威權主義命令上。但它也是較「先進」社會成員日常生活的常見形式，因為任何行為缺乏這種基本生活方式的人，往往會變得孤立而沒效率。

理論上，這種生活方式的兩個階段，首先會表現為知覺和萬物有靈論的概念。知覺（Perception）是最基本的公社主義理論，它會以物理的術語產生對行為的理解。例如這種感覺是來自那個物體，或者這種想法是關於那個事件……等等。

萬物有靈論是威權主義理論的反面，是從行為角度產生對物理事物的理解，例如一個物體移動的方式，影響了另一個物體……等。當它們融入自然現實，結果就是**因果關係**的概念。在知覺中，物理事物似乎將它們的特質強加給我們；而萬物有靈論則認為，物理事物必定對彼此有同樣的作用（有因就有果）。相同的作用鼓勵我們根據因果關係來解釋世界，也就是將物理與行為整合在一起。

我們的因果關係概念，可被當成一種不碰觸到理想概念的基本世界觀。這裡的事物會相互推動，A 導致 B 並導致 C，但三者在這過程中沒有延續，也未實現任何原則。當然它也可能發生完全不同的情況，休謨（David Hume）[1]從邏輯角度分析因果關係，得出「因果關係並不合理」的結論。然而，因果關係是理解現實的一種「深刻感受」方式，因為它是將「人類日常生活普遍存在的基本理解」加以理論化的結果。

形式現實

律法主義使用理想來定義並解釋物理現實；集體主義則規範理想，以符合物理現實。這種交叉分類的每個階段，都能為另一個階段提供類別：

類別的類型	物件類型	社會學的類型
理想的	物理的	律法主義
物理的	理想的	集體主義

1　譯注：18 世紀蘇格蘭哲學家、經濟學家和歷史學家。

律法主義和集體主義的結合，協助建構了我們認為客觀和有用的整個現實，但其中並不存在行為類型的現實。我們可以把形式現實，視為不受人為干擾影響的絕對客觀現實。

請回想一下之前討論過的「公社一集權」生活方式，是把物理現實與行為相互結合，產生了類似於家庭那種基於合作、傳統和個人忠誠度的社會化過程。而當律法主義和集體主義結合時，它們是用對「抽象制度」的依賴來代替行為的結合。

集體主義階段是從給定的物質基礎開始，亦即可用的商品和設施如土地、牲畜、工具、原料等，還包括尋找適當的理想，來管理這些東西的使用過程。其結果產生了一個先進的社會概念和制度體系，包括私有財產、轉讓和繼承、貨幣單位以及一般法律的完整架構。然後，透過建立法院和官方執法機構，這些理想就成為社會為實物交易進行法律監管的基礎。

融合為一種生活方式後，這個過程的律法和集體主義階段，顯示出一種緊密持續的相互作用。新的理想概念和新的實物交易不斷地彼此互相產生。因此，當社會現有制度未涵蓋到的新物理情況出現時（例如引入大眾運輸或網際網

路的出現），便會立刻尋找相應的新原則。於是我們會說：
「我們需要新法律」，立法者便立刻著手起草。執行法律
往往可以改變物理狀況，使其更符合新的理想。

律法主義加集體主義的理論化，就像典型的現代物理
學一樣，建立的是一套自然法則而非人為法則。在物理情
況下，例如資料收集或新觀察到的物理效應，通常代表人
們必須制定新的自然法則；至於新的自然法則，則會鼓勵
對物理現實進行新的研究，而且通常需要建造新的機器或
實驗方法，無法憑空想像出答案。而這些研究會產生新資
料，讓研究可以持續循環不已。如此一來，物理效應的知
識以及描述抽象現象的知識庫也會隨之擴張。

在物理學中，這整個過程被稱為**框架理論化**（framework
theorizing），因為它的抽象系統已先構成一個預設框架，
此框架被視為物理現實事物的基礎。這種生活方式的理論
化，跟「公社主義＋威權主義」的較簡單解釋形成對比，
後者是根據因果關係的動態循環來解釋世界。

從自然到形式

如今，工業化國家的人民在成長過程中，往往會自動

把大部分的日常工作知識，從自然現實轉變到形式現實。
人們普遍認為成人所瞭解的現實一定與兒童所瞭解的有所
不同，因此家長和學校會透過向孩子灌輸所謂的「正規教
育」來支持這種轉變。

在 17 到 20 世紀期間，這類個人生活方式的轉變，是
透過義務教育、職業證照、工作標準等方式來管理，這也
是西方文化的顯著成就。而在 DR 理論的分析中，這種轉
變所圍繞的「支點」便是物理的分類，如下表所示：

類別類型	物件類型	社會學的類型	個人現實
物理的	行為的	公社主義	自然的
	理想的	集體主義	形式的

這種轉變本質上是「唯物主義」（materialism）[2] 的，因
為它的類別是物理的。在自然現實中，物理類別定義了個
人行為；而在形式現實中，物理類別則定義了個人理想。
由於行為通常是公開的，而理想通常是較為主觀的，因此
某些心理學家將個人現實中的這種轉變，稱為道德或倫理

2　譯注：唯物主義認為世界的基本成分為物質，包括心靈與意識
　　在內的所有事物，都是物質交互作用的結果。

準則的「內化」（internalization）。

當霍布斯（Thomas Hobbes）於 1651 年出版《利維坦》（Leviathan）時，物理類別定義了大多數歐洲公民的個人行為，因為他們的政治態度是基於「自然現實」。而當後來的韋伯（Max Weber）的《經濟與社會》（Economy and Society）於 1922 年出版時，物理類別主要是用來定義個人理想，因為大部分公民的生活多半是基於「形式現實」。

社會學家根據滕尼斯（Ferdinand Tönnies）在 1887 年對社區（gemeinschaft）和社會（gesellschaft）做了區分，描述了這種轉變。滕尼斯是位霍布斯學者，他描述了 18 世紀之前統治歐洲的封建社會；然而，韋伯學習的是新教的工作倫理，他描述的是在法治下自由公民的現代社會。這也是人類歷史紀錄中最明顯的個人現實轉變。

精神現實

智慧思維透過心理行為來瞭解理想，正統信仰則控管這種心理行為。在此交叉分類的每個階段，同樣都為另一個階段提供類別：

類別類型	物件類型	社會學的類型
行為的	理想的	智慧思維
理想的	行為的	正統信仰

　　智慧思維和正統信仰的轉變，可協助我們構建出在某種意義上不受世俗影響的現實，因為數位現實的物理類型在此並不存在。人們可將精神現實當成是非物質主義的或超感官的。

　　我們可在教會的起源中看到這兩個階段如何合併。一位探索抽象原則型的先知，提出一組可在行為上分類並且似乎與人類生活相關的「理想」。如果這位先知成功了（大多數都失敗），這些理想就會被一群追隨者採納並傳播，於是他們可能會建立一個教派或教會。對於先知來說，理想主要是智慧思維的產物。然而對追隨者來說，理想卻成為正統信仰的基礎。

　　先知尋求知識；追隨者則尋求行為規範，以使人們變得更好。但要使教會得以生存下來，這兩種方法必須融合成一個連貫的過程。如果只有智慧思維，很容易造成分裂，導致教會解體；如果只有正統信仰的話，就會淪為教條主義，導致教會容易被推翻。這兩者之間需要不斷相互

影響，才能滿足人類的精神需求。

　　在一個成功的教會或教派中，每個新的教徒都會接受關於該教會理想信仰教義的完整教育，這是一種智慧思維的過程；同時，這些教義條款會以信仰行為的絕對教義與規範持續發布。當這些發布有效傳達完成之後，傳教者就會相信這套理想體系，教徒的人類行為歷程也會自然地彼此相互呼應。

　　目前許多工業化社會似乎正逐步放棄傳統教會，取而代之的是圍繞階級成員而建立的「智慧思維＋正統信仰」的生活方式。智慧思維出現在學校教育中，正統信仰則受社會階級規範的維持。這些社會中的學生就像教會信徒一樣，必須經歷一個漫長的「學習理想」過程，而且這些理想會決定他們將屬於哪一種社會階級。在此同時，每個階級成員都努力確保所接受的教育以及灌輸給他們的正統行為，都是他們的社會生活所必須。兩者結合後的組織，成為人類行為的主要範例，雖然類似於教會產生的範例，但現在更是屬於道德的而非精神的層面。

　　在日常層面上，將精神生活方式理論化之後得到的表現為「道德」，為普遍存在的人類行為，提出一套可被分類的理想。接著，這些被類別劃分的理想，就成為判斷行

為善惡、道德與否的基準。實際上的社會可能會得到一種「基調」，這種基調取決於成員在生活方式上的平衡。例如當智慧思維佔主導地位時，我們會說這是一個自由或開放的社會；而當正統信仰佔主導地位時，我們會說它是壓抑或封閉的社會。

在更深奧的層面上，尤其在「福音派」（evangelical）[3]教義中，精神的生活方式可能傾向於「神祕主義」（mysticism）[4]。原先個別對待的道德理想，可能會在一個抽象的絕對情況中相互關聯，並與其他數位現實分離，接著便可直接行使人類行為。以下是恩德曉（Evelyn Underhill）對神祕主義雙重概念的描述：

> 他能夠在兩種模式下感知現實並回應現實：一方面，
> 他理解並停駐在「純粹存在」（Pure Being）的永恆世

3　譯注：福音派強調基督徒個人跟耶穌基督的關係，要直接透過傳播基督來到的福音以及傳達基督的訊息，來達成耶穌教義的傳播。

4　譯注：神祕主義者認為世界上存在某些超自然的力量（或隱藏的自然力量），這種力量可透過特殊教育或宗教儀式獲得。例如基督教神祕主義者認為靈魂可被提升到與上帝緊密結合，融入上帝的存在。

界中，亦即停留在所謂的神格化「太平洋」裡，毫不質疑地投身在自己的狂喜中；這是與完全的喜愛結合所達到的境界。另一方面，他確實知曉並暢遊在狂喜的「驚濤駭浪」中——那個充滿活力的外在「生成世界」（World of Becoming）則是其意志的表達。就最神祕的「絕對問題」（problem of the Absolute）以生活的形式呈現，而非以辯證的形式呈現。他是從生活的角度來解答這個問題：是透過意識的變化或成長（歸功於自己的獨特天分），亦即讓他能夠理解現實的雙重視野，與其他人的感知能力無關。^{（原注20）}

神祕主義者所熟知的「與神合一」（Divine Union）行動，便是把理想和行為這兩個因素結合在一起。這就相當於決定讓類別彼此互換：一般行為被視為神聖體系的一部分，而神聖的理想則被視為完美的行為模式。

人類生活中的這些道德和精神模式往往會忽視物理現實。因為它們是透過行為與理想的結合而產生，並不包括對物理狀態的掌控，所以通常會把物理現實視為粗糙或需克服的存在。因此，我們可以看到大多數的教會教義、道德體系或神祕學說，最先教導信徒的事情通常是他們可以

體驗到人類肉體經驗（物理經驗）之外的真理。

超越理想

　　DR 理論的範圍，目前只擴展到本書討論的三種類型之數位現實，也就是行為的、物理的和理想的。大多數人應該都同意，這三者已涵蓋了一般認為是「真實的」大部分內容。

　　然而，本書在一開始的分析（前言中）裡就曾指出，必須把三種創新的現代知識，更充分地融入我們對這個世界的理解中。這三種創新便是我們一再提及的「生物演化、公理化集合論，以及類比—數位轉換」。雖然 DR 理論可能會啟動數位現實與創新知識的合併，但它絕不可能單獨完成這項工作。因此，我們將要提出一些關於「演化、集合論、數位化」在未來將人類知識帶往何處的願景。

　　演化目前被廣泛理解為物種形成的驅動因素，以及有機生理學的決定因素。在研究智人以外的生物構造和行為時，經常會引用演化來作為解釋。然而對於人類來說，演化作用通常被認知為是從原始人類的興起，一直到歷史紀載時期為止。當我們接觸到時間和空間等等人類科學的基

本概念時，通常很難把它們想像成是由生命演化出來的適應概念，而非存在的固有特徵。但為何 DR 理論不這麼認為呢？這是因為若我們接受「現實是數位化存在」的想法，就更可能在「類比—數位」演算法中，找到諸如時間和空間這類有順序的協議，而非在類比來源中尋找。

我們所知的生命是先演化出時間，然後才演化出空間。假設宇宙中有另一種生命形式，在演化出時間之前就已演化出空間，他們的空間將由一度空間的線性「生命線」形式所組成，時間則會成為其「多度冪集」（multidimensional powerset）。換句話說，這種生命形式的生物終其一生都會在一度空間的固定軌道上移動，但在他們抵達的每個地點，都可以自由移動到該地的每個時間點，就像參觀歷史博物館的遊客一樣。

現在請想像一下我們與這種生命形式的生物互動的情況。在我們看來，他們似乎一直在來回移動，但會在不同的時間點突然出現。而從他們的角度看，我們似乎是被分成許多個一直移動的空間群體，就像流浪的部落一樣。他們就像是坐上一部永不停車的太空旅遊巴士那樣觀察我們，偶爾透過車窗拍攝四處散落的人群；我們則會把他們當作偶爾會突然出現的訪客，而且總是在前往其他地點的

路上。

若我們這些先發展出「時間」的人，和那些先發展出「空間」的兄弟，都瞭解彼此情況的話，應該就可以設法互相留言；但我們很難為他們安排好一個地點，或為我們安排好一個時間點，讓彼此有機會見面。

集合論被廣泛應用於實際的電腦程式設計中的這事實，其實是很幸運的。因為數位現實可能擴展的一個方式，便是透過第四種理解類型：一種對於我們熟悉的行為、物理和理想的擴展理解。集合論告訴我們這第四種數位化存在的方式，將會基於所有理想集合的冪集——亦即基於可以將理想有效組合在一起的所有方式的一種知識。不過吸收這樣的知識體系，可能遠遠超出目前人類的能力範圍。

諸如「元邏輯」（metalogic，研究邏輯系統）這樣的學科，已經在探索較小範圍的理想冪集。但若要透過把所有理想呈現為可觸及的數位現實來展示所有理想如何相互關聯的話，我們可能需要一個由多部電腦組成的分布式網絡，然後加上能力非比尋常、可以異常專注的人類思想家，才能理解這類現實的內容。

不過，也有一種現代傳統是透過突然的「靈感」，

來獲得對原始存在那種深不可測的看法。有個很棒的例子是神學家史威登堡（Emanuel Swedenborg）[5] 稱為「精神淨化」（vastation）的那種經歷。老亨利・詹姆斯（Henry James, Sr.）有過這樣的經歷，他的兒子、心理學家威廉・詹姆斯（William James）在他的經典著作《宗教經驗之種種》（*Varieties of Religious Experience*）中，記錄了這種現象，描述一種人類經驗能力的誕生：

> 一種現實感，一種客觀存在的感覺，一種我們可以稱為「那裡有某種東西」的知覺，比起當前心理學假設「存在現實的原始展露」的任何特定感覺，都要更深刻也更普遍。[（原注21）]

　　關於這個主題的一些文獻報告，都是由那些表達有過精神淨化經歷的人所寫，因此充滿了對「絕對現實的願景」和「與純粹存在的結合」等說法的引用。這些說法包含了客觀的肯定描述，以及實證科學家的非激情式陳述。

5　譯注：17 至 18 世紀知名的瑞典科學家、神學家和新教會的理論奠基人。透過自己的心靈體驗，向世人詮釋了關於基督教的全新宗教觀。

詹姆斯寫下了「一種洞察真理的狀態，不受語言智慧的影響」，他的結論是：

> 正常的清醒意識，我們稱之為理性意識，只是一種特殊類型的意識。在它的周圍，隔著最薄的藩籬，存在著完全不同的潛意識形式。如果完全忽視這些其他形式的意識，對宇宙整體的任何解釋都不可能是最終的解釋。（原注 22）

若把它當成純粹實際的問題來看時，那些聲稱已獲得這種意識的人，其行為便與其他人有所不同。因為他們是「開悟者」、「彼岸」的探索者、「重生者」；當他們返回正常意識時，感覺就像來到異國的旅行者一樣，已經與離開時大不相同。我們不難想像，他們經歷了在傳統的行為、物理和理想知識範圍以外的事情。

數位化作為一種機械化的技術而言，相對而言較新且主要是由電腦使用。然而從生命的運作過程來看，數位化是生物一直在做的事。生命打從一開始就演化出了「類比—數位」轉換的演算法。這點當然是好消息，然而壞消息是：生命只演化了那些有助於追求傳統生活需求的「類比

一數位」演算法。但就人類而言,雖然可以滿足我們大量的不同需求,卻非全面徹底的涵蓋。也就是說,我們的身體並未配備我們可能需要的「所有可能的」類比—數位轉換器。

本書第一章曾引用一個例子。當我們自問「成為一隻蝙蝠是什麼感覺?」這問題時,我們發現蝙蝠擁有一些人類並不具備的感覺,例如迴聲定位的能力。由於必須在黑暗中狩獵,蝙蝠已演化出這種能力,可在不靠環境光線照明的情況下,把存在周遭的空間轉換為實際物體的數位現實;這是人類無法做到的。雖然我們可以嘗試透過學習一種稱為「顏面視覺」(facial vision,例如盲人對周遭障礙物的感知)的人類迴聲定位方式來模仿蝙蝠的技巧,但它仍然無法建構蝙蝠使用的完整數位現實。

前面所說的各種考量涉及「超心理學」(parapsychology)的領域,包括預知(precognition)、心電感應(telepathy)、超感視覺(clairvoyance)、直覺(intuition)和超感知覺(extrasensory perception)等。儘管它們經常會被譴責為偽科學或「違反物理定律」,但這些領域研究的一些現象,可能代表存在裡的某些類比來源資訊是人類天生無法將其數位化的。

如果我們認為這些超自然感應，反映了人類對自然的「類比—數位」轉換不夠充分的話，我們將有兩種解決方案可供選擇：一是嘗試加入「智慧型學習」來增強我們的自然感官，另一種則是設計機械化感測器來協助我們。目前的感測器設計技術還算相當初期，例如直到最近，機器嗅覺領域才開始出現「電子鼻」，不僅比人類的鼻子更能聞到有害氣味，甚至還能聞到對人類來說無色無味的氣體和粒子。透過這種方式，電腦技術終於第一次讓我們能夠瞭解到新的數位現實。

第六章
應用數位現實理論

DR 理論更新了人類知識的基礎

在西方文化中，哲學的傳統目的一直是在支持人類理解來源的科學、人文學科和常識。哲學會詢問許多關於假設、程序（步驟）和概念的一般問題，這些假設、程序和概念就成為分析和理解整個世界的起點，因此我們可以說哲學是知識的「前衛」（avant-garde，開路先鋒）。

但就像所有前衛運動一樣，哲學經常會與既定的實踐作為發生衝突。它在歐洲史上曾數次大起大落。儘管今天的哲學很像處於退潮的狀態，但我相信它正在開啟另一次的新潮流。

歐洲明確的哲學理論最早出現在希臘人和羅馬人之中。對他們來說，把一切「理論化」是一種新興的職業。當時居主導地位的人類現實，就是 DR 理論所稱的「自然現實」，亦即前面所說的物理現實與行為的交叉分類。亞

里斯多德和柏拉圖等哲學家提供了方法論，他們和其他思想家透過這些方法論，發展出關於人類生活以及與物質世界和精神世界相互關聯的各種理論。

隨著羅馬（西羅馬帝國）的衰敗，第二次哲學浪潮興起，這次是關於智慧思維的現實。奧古斯丁的《上帝之城》（*City of God*）是羅馬被洗劫後不久（西元 410 年蠻族入侵）寫成的哲學著作，就是極具開創性的一個先例。它提出了採用基督教一神論的實際討論，將「上帝之城」描繪成一個由人類行為和理想相互支持和詮釋的地方。而在其下的「人類之城」（City of Man）服從於希臘羅馬萬神殿，大多數人的行為主要是為了滿足他們的物理需求。因此，「上帝之城」就像是邀請大家加入一種全新的、精神上的、關於生活和行為的「理論化」方式。

到了 17 世紀，第三次哲學浪潮成功佔據了上風。它為 DR 理論稱為「形式現實」的理論化奠定基礎；而形式現實是物理現實與理想的交叉分類。接著，由培根、伽利略、笛卡爾和波以耳等自然哲學家，定義了科學理論得以建立的方法。在該世紀末之前，牛頓發表了他的經典著作《自然哲學的數學原理》（*Mathematical Principles of Natural Philosophy*），這是透過理想類別來解釋物理事件的概念證

明。

今日的科學知識已在西方思想中根深蒂固，並成為工業化世界的日常生活中不可或缺的一部分。科學的成功，也搶佔了一些傳統的哲學領域，形上學（Metaphysics）和本體論（Ontology）都讓位給物理學，知識論（Epistemology）則讓位給實驗方法等。也因此，已故物理學家霍金寫了「哲學已死……」並解釋說：

> 哲學跟不上現代科學的發展，尤其是物理學方面的。在我們追求知識的過程中，科學家已成為「發現之火」的傳遞者。（原注 23）

雖然科學取得了成功，但第四次哲學浪潮在 20 世紀中葉開始出現。新的資訊科技發展為哲學思辨創造了新的機會。這對我們的時代來說是具變革性的事件，就像現代科學在 17 世紀的落實採用或是基督教在第 5 世紀時的傳播一樣。

儘管專業哲學家似乎太晚意識到這一點，但數位電腦的發展已為知識論開創了新的前景。各種電腦基礎架構師的具體任務，就是設計出能像人類一樣理解世界並與人類

合作的電子系統。他們所作出的回應，就是在電腦硬體中模擬許多基本的生命歷程。目前哲學家的強處，就是瞭解這些對生命的模擬到底如何運作。我們可以用人腦無法實現的方式對電腦進行實驗。透過挖掘那些讓電腦技術成功的決策，就有機會揭開關於人類知識運作的哲學真理。

這本書就是獻給剛剛描述的「新哲學浪潮」，因此接下來的部分要談的，便是如何使用 DR 理論解決人類思想中一些長期存在的問題並提出一些答案。這些簡短的總結，可說明我為何相信 DR 理論可能有助於解決一些古老的哲學問題。

解決心靈／物質二元論問題

心理現實和物理現實（可概括為思想和物質）之間的基本區別，表面上似乎顯而易見，但實際分析起來卻令人困惑。DR 理論將這些現實描述為兩種具不同超限基數的構造集合，展示了它們的不同之處，以及它們為何難以比較。思想是行為的，包含在一個線性且可數的集合中；物質則是物理的，包含在一個緻密且不可數的集合中。

哲學家有時會將心理現實劃分成稱為「感質」

（qualia）[1] 的體驗片段。路易斯（C. I. Lewis）[2] 在 1929 年寫道：

> 「感質」是直接被直覺接收且給定的，而且不會是任何可能錯誤的主題，因為它是純粹主觀的。[原注 24]

感質的典型解釋，通常會用到日落時的「紅色」和頭痛時的「疼痛」，感質的體驗幾乎可以告訴你所有關於感質的事。然而，物理上所體驗到的「紅色日落」或「生物受到壓力」的情況，可能只是我們在光學或生理學的複雜性中，對於紅色或疼痛「起源」的一種長期經驗的搜尋「入口」而已。

由於我們無法比較行為事件和物理事件，因而引發了一個問題：亦即它們該如何相互引發？DR 理論對這個問題的回答是：它們之間的關係不是一種因果關係，而是數位化的關係。日落和物理壓力是類比事件，看到紅色和感到疼痛則是數位事件。人類作為生物體，我們的身體已演

---

1 譯注：感質最簡單的解釋應該是「你無法對未見過顏色的天生盲人解釋日落時的紅色」，這種紅色就是人類的感質之一。
2 譯注：美國哲學家，現代模態邏輯與概念實用主義的奠基者。

化到可以將其中一種轉換為另一種。

人類會從類比存在中建構數位現實。當天空的顏色或我的身體形成難以定義的類比狀況時，我們就將它們數位化為更容易理解的日落和頭痛。

在幾代人以前，大多數人可能會覺得上述解釋只是用一個謎來解釋另一個謎而已。然而今天的電腦技術人員，經常是以執行「類比—數位」資料轉換的「魔法」維持生計。用工程師的術語來解釋，這些都會變成很容易的狀況。例如，程式人員已想出幾種把紅色加以數位化的方法，也在研究如何透過身體壓力的類比測量，把潛在的頭痛感受加以數位化。

釐清時空

物理學被迫在對現象的描述中加入時間和空間的度量，卻未解釋他們使用的這些測量參數到底是什麼。DR 理論則釐清了採用時間和空間的目的，是作為生命在歷史早期演化的回應機制，以使新陳代謝和光合作用能在地球環境中發揮作用。

時間一直是哲學家和科學家的長期困擾。它被冠上許

多不同解釋，例如「自然的絕對特徵」（牛頓）、「人類的直覺」（康德）或「與空間糾纏在一起的某種事物」（愛因斯坦）等。這些混亂都是因為試圖使用物理術語來定義時間所致。時間作為生命建構的東西，其實可以很容易地理解為「把行為排序」。行為雖然沒有固定的空間位置，但它確實形成了一列連續車廂的「火車」，其中的「之前」和「之後」的排序關係相當重要。在微觀層面上，時間對於代謝反應的排序是必要的；至於在宏觀層面上，前後順序對於刺激與反應、情緒與表情、意圖與執行等行為事件的關聯上，都是絕對必要的。沒有了時間，生命的行為將無法運作。

時間在行為中的作用，讓我們對時間感知的演化就像一直跟著生命在演化一樣。那空間呢？它的一個重要線索出現在「光在時空（space-time）中傳播向量」的特殊位置上。如同愛因斯坦的直覺所見，即使觀察者相對於向量原點等速移動，該向量對於所有觀察者都保持不變（狹義相對論的基本原理）。這個事實說明了本書在前面提過的，生命對空間的感知演化是為了促進和維持來自遠處光源的接收，同時生命也相對於該光源移動。在地球上生命演化出光合作用的十億年左右時間裡，就是這種類似的情況。

那些尋求提供優雅的理論來解釋的人，可能會很欣慰地注意到，若我們把時間和空間視為生命將存在加以數位化的過程，亦即以演化特徵來解釋的話會更有意義，而非試圖理解為何一切的存在如此巧合，剛好能提供生命在地球成功生存所需的相應時空特徵。

概括分類

傳統的分類方式（由亞里斯多德、康德、萊考夫[3]等人提出）傾向於假設類別主要是基於抽象來分類。而在 DR 理論中，任何類型的數位集合都可當作類別。一旦允許所有類型集合都能當作類別，便可解決「普遍性的問題」，還可用來說明人類在理解上的範圍和靈活性，並有助於解釋人類知識到底如何演化。

自古希臘時代以來，「共相」（universals，普遍性）的形上學問題，一直是哲學家的一大難題。如果所有紅色事物都具有普遍的「紅色」，那麼這種普遍性是否能單獨存

---

3 譯注：萊考夫（George Lakoff），美國語言學家，認知語言學的創始人，專門研究隱喻在人類認知上的作用。

在？ DR 理論認為這個本體論問題無關緊要；我們稱某物為「共相」，只是辨識某個類別集合的另一種方式。在集合論中，集合本身與其元素一樣真實，因此幾個真實事物的普遍屬性，與具有該屬性的事物都一樣真實。

關於普遍性的假設問題，通常是一種天生的哲學傾向結果，亦即要求現實必須是一個「整體」。因此現實中自然劃分的想法，便形成各種理論上的怪異之物。所以如果共相是真實的，那麼它們必須是行為的，如同現象學家和「唯我論」（solipsism）[4]者假設的那樣；或者必須是物理的，如同唯物主義者堅持的那樣；或是理想的，如同柏拉圖唯心主義者所相信的那樣。

DR 理論用集合類別的現實取代了共相的概念。在生命演化初期，生命發現集合可以作為概括的用途。舉例來說，任何一組紅色事物，都可以在知識上與假設的普遍性「紅色」具有相同作用。這是一件真實的事情，可協助我們理解紅色的含意。此外，我們可以在自己的行為中，建構這樣的一個類別集合（稱之為「看到紅色」），在其物理

4　譯注：認為只有自己的心靈是唯一可以確認為真實存在的哲學理論。

現實中，這就是行為的冪集（「是紅色」），或者說在物理現實的冪集中為「紅色的抽象理想」。在知識的實際用途上，哲學對於普遍性的每一種定義，都可透過這些集合中的其中一個來對應。

DR 理論中的類別，還能解釋我們的知識如何獲得明顯的範圍和靈活性。人類行為──尤其是意識，可以理解這兩種集合，亦即來自將存在加以數位化的集合，以及我們透過冪集操作的人為創建的集合。除非你是精神病患，否則通常可以辨別兩者，不過我們並不會自行假設出哲學家試圖做出的那種基本區分。物件和類別在意識的沙盒中相互翻滾，產生出各種想法和推測。但這些知識物件都只是集合，所以我們的心理行為並不需要遵循處理類別的特殊規則。

定義國家主義和個人主義

在人類群體自我組織的方式裡，最常見的就是國家主義和個人主義。DR 理論使用其社會演化例圖，解釋了國家主義和個人主義如何從內部認定自己的正當性；還解釋了為何在人類社會中只能產生這兩種全球組織原則，以及為

何它們彼此並不相容。

人們可以把國家主義和個人主義視為更簡單的社會組織的組合，這些組織將彼此歸類為無盡的迴環：

國家主義＝集體主義＋正統信仰＋威權主義
〔物理的→理想的→行為的→物理的〕

個人主義＝公社主義＋智慧思維＋律法主義
〔物理的→行為的→理想的→物理的〕

從社會組織的角度看，國家主義和個人主義都對它們的擁護者具有一定的吸引力。國家主義提供了充分性、確定性和穩定性。這也是群體自然轉移權力的默認方式（如第四章所述）。個人主義提供的則是友善、自由和公平。在任何一種環境中長大的人，往往會更認同該環境而不認同另一種環境。

從世界觀的角度看，國家主義和個人主義都從內部認定自己的正當性。國家主義把社會的物質資產視為自然賦予的，並拿這些資產來定義分配或使用上的理想原則；這些理想規定了國家主義公民的行為，且其行為會透過物

理手段強制執行。個人主義則假設物質資產必須透過適當的行為來創造，因而定義出工作和生產力的理想；藉由這些理想，便能定義規範個人主義的公民在物理行動時的法律，讓正當性的循環變得完整。

解釋物理學中的非區域性

愛因斯坦「幽靈般的超距作用」，亦即粒子透過真空相互影響的機制，被稱為「非區域性」（Nonlocality）。它不僅困擾著現代物理學家，還導致諸如「波粒二象性」（particle-wave duality）[5] 等尷尬的概念。DR 理論透過把現實與存在分開，讓物理現實模型中非區域性的出現，可被視為數位化的產物。

大約二千五百年前，德謨克利特（Democritus，古希臘哲學家）認為原子必定存在，因為物質不可能可以不斷被一分為二：到了某個時刻，你不得不停下，剩下來的就是不可分割的原子。亞里斯多德拒絕了這種截然不同的邏輯，認

5　譯注：觀察微觀粒子時，會同時顯現古典力學上的波動性與粒子性。

為四種古老元素——土、水、氣和火——顯然都是連續的（可一直分割下去）。到了今天，某些物理學家的職業生涯就是在努力於把物質分解成更小的粒子。因此，他們稱讚德謨克利特是「現代科學之父」，而把亞里斯多德稱為「西方哲學之父」。

　　DR 理論同時讚揚這兩位偉人。DR 理論認為「存在」是連續的，只能透過類比方式來測量；「現實」則是離散的，必須以數位方式得知。類比存在最終會決定我們的命運，但數位現實可以為我們提供影響這些命運所需的知識。亞里斯多德對世界的看法是正確的，德謨克利特對於我們「理解」世界的看法則是正確的。

　　把「存在」以粒子（無論是原子或夸克）來填充的問題在於，「存在」不只包含物質而已。當我們將其數位化為物質物件時，它們就會以多種方式相互作用並相互糾纏。然而，我們確實很難想像所有粒子的相互作用，其實是更多粒子穿梭在我們所知粒子空隙之間的結果。

　　物理學家試圖用「場」（field）[6] 來映射能量。即便如

6　譯注：「場」指的是一個以時空為變數的物理量，在空間中瀰漫的基本交互作用便稱之為「場」。

此，量子力學中的某些場充滿了各種可能值，以至於它們很難成為「現實」。「混沌理論」（Chaos theory）[7]家則採取不同策略，他們將存在描述為「無尺度」（scale-free，無一定軌跡和範圍），並透過「碎形」（fractals）[8]的方式將其數位化。

　　將存在描述成一個連續體，可能會讓那些尋求絕對客觀性的人感到不安，但這已是我們目前最接近真相的方式。DR 理論藉由展示數位現實如何包含「單一物理連續體的多個數位化」，來支持連續體的說法。舉例來說，某些數位集合可用來描述質量的動作，而其他數位集合則可能會解釋是能量的轉移。其結果將是透過相互作用的集合，達成物理學上的統一，而非讓作為競爭對手的數學模型拆散我們的理解。

7　譯注：混沌理論（Chaos theory）是關於非線性系統在一定參數條件下展現分岔、週期運動與非週期運動相互糾纏，以至於通向某種非週期有序運動的理論。

8　譯注：碎形通常定義為「一個零碎的幾何形狀，其每個部分都近似整體縮小後的形狀」，亦即具有「自相似」的性質，其放大過程可以一直延續下去。

將知識論合理化

傳統的知識論傾向於經驗主義和實用主義，比較像是各種知識的概要，而非一般分析知識的完整系統。試圖以推理（康德，Kant）、邏輯（羅素，Russell）或語言（卡爾納普，Carnap）將知識論形式化的作法並不可靠。DR 理論使用公理化集合論（策梅洛和弗蘭克爾，Zermelo-Fraenkel），提供了一個龐大而穩健的基礎，依據集合交換的作法來分析知識。

前面說過，將集合論納入數學的一個分支可說是相當偶然的事實，因為它是透過發現超限數而誕生。在其更普遍的形式中，集合論等於是一門關於「一般思維過程」的實用學科。因此它更能提供一種試圖定義「存在、生命和我們所知現實」之間關係的理論。

在 20 世紀期間，許多傳統哲學已被物理學和神經科學裡的「數學理論」所取代。而透過將現實重新定義為數位化客觀存在的結果，便可用集合論來解釋這一切。DR 理論確實有助於克服這些「數值方法」的缺點，並鼓勵我們在哲學和分析科學之間建立更有成效的平衡。

原注

1. Thomas Nagel, "What is it like to be a bat?" *The Philosophical Review* LXXXIII, 4(October 1974), p.440.
2. Albert Einsteinm *Out of My Later Years* (New York NY: Philosophical Library, 1950)78.
3. John F. Sowa, "Processes and Causality," at http://www.jfsowa.com/ontology/casual.htm (retrieved July 9, 2019).
4. Arthur Eddington, *Space Time, and Gravitation* (London, UK: Cambridge University Press, 1920), 182.
5. Philip E. Ross, "The Expert Mind" (New York, NY: *Scientific American*, July 2006).
6. See Laura Crosilla and Peter Schuster, *From Sets and Types to Topology and Analysis* (Oxford, UK: Clarendon Press 2005) 4.
7. Antoine Lavoisier, *Elementary Treatise on Chemistry* (Brussels: Cultures et Civilization 1965).
8. Vannevar Bush, "As We May Think," *The Atlantic Monthly* (July 1945).
9. Stephen Toulmin and June Goodfield, *The Architecture of Matter* (New York, NY: Harper Torchbooks 1962) 124.
10. John Locks, *An Essay Concerning Human Understanding* (London, 1689) Book II, Ch. 1, Sec. 19.
11. Peter L. Berger and Thomas Luckmann, *The Social Construction of Reality* (New York, NY: Anchor Books 1967) 60.
12. Margaret Mead, *Sex and Temperament in Three Primitive Societies* (New

Your, NY: Perennial 1963) 32.

13. Jean Piaget, *The Moral Judgement of the Child* (tr. Marjorie Gabain) (New York, NY: The Free Press 1965) 28.

14. Pierre-Simon Laplace, *Exposition du Systeme du Monde* (Paris, France 1796) Book III.

15. Galileo Galilei, *Il Saggiatore* [The Assayer] (Rome 1623).

16. Paul Dirac, "the Evolution of the Physicist's Picture of Nature" (New York, NY: *Scientific American*, May 1963) 53.

17. Montesquieu, *The Spirit of the Laws* (Paris, France 1748) (tr. ThomasNugent 1750) 11.6.

18. Steven Pinker, *How the Mind Works* (New York, NY: W. W. Norton 1997) 131 ff.

19. Julian Jaynes, *The Origin of Consciousness in the Breakdown of the Bicameral Mind* (Boston, MA: Houghton Mifflin Company 1976) 220.

20. Evelyn Underhill, *Mysticism* (New York, NY: Meridian Books 1955) 36-37.

21. William James, *Varieties of Religious Experience* (New York, NY: Modern Library 1936) 58.

22. William James, *op. cit.* 378-79.

23. Stephen Hawking, *The Grand Design* (New York, NY: Bantam Books 2010) 5.

24. C. I. Lewis, *Mind and the World Order* (New York, NY: Charles Scribner Sons 1929) 121.

後記

　　我對這種知識論新方法的第一個靈感來源，是在 1956 年加州大學柏克萊分校一群書呆子研究生之間進行的深夜辯論中浮現的。這個想法是以一種「視覺頓悟」的方式出現在我腦海中的一個「知識立方體」，它的三個維度便是「行為、物理和理想」。在我後來的人生中，這個幾何比喻在我的腦海中不斷浮現。

　　在柏克萊唸書的時候，我曾跟幾位老師學習古典哲學：知識論和價值理論來自史蒂芬・佩珀（Stephen Pepper），邏輯和集合論來自約翰・麥希爾（John Myhill），傳統哲學流派則來自威廉・丹尼斯（William Dennes）和伯特倫・傑瑟普（Bertram Jessup）。取得學位後，我加入了凱撒基金會研究所（Kaiser Foundation Research Institute），擔任比較生物學實驗室（Laboratory of Comparative Biology）的助理主任。我在那裡的主要導師是艾爾斯沃思・多爾蒂（Ellsworth Dougherty），他從細胞層面上教我有機生理學的基礎知識。

電子產品是我一生的愛好，因此我在 1962 年成立了柏克萊儀器（Berkeley Instruments）公司，這是一家製造自動氣象臺（automatic weather station，包含溫度計、溼度計、氣壓計等氣象儀器的小型紀錄設備）的小公司。我就在這家公司裡沉浸在各種數位化技術中。我在這裡的主要導師是傑克．霍利（Jack Hawley），他是一位極富創造力的工程師，並在後來為道格．恩格爾巴特（Doug Englebart，他帶領的小組發明了滑鼠與圖形介面等許多劃時代的產品）的電腦滑鼠申請專利。直到現在，滑鼠都是世界上最普遍的數位器材。傑克和我合作設計的氣象臺，也催生出另外三項數位技術專利。在這家小公司工作了幾年後，我終於搬到矽谷，加入 Apple 電腦的高級技術團隊。然後在接下來的三十一年裡，這家無與倫比的公司成為我的工作地點。

我的第一本知識論書籍《知識的架構》（*The Architecture of Knowledge*）於 1980 年問世（當時我尚未進入 Apple 公司工作）。現在看來，藏在我記憶中的「知識立方體」似乎暗示著一個故事，故事的細節豐富到足以寫成一本書。然而，當時我並不清楚這個原始想法背後可能隱藏著哪些一般原則。

1982 年的 Apple 公司正在製造 Apple II，並試圖搞清楚

「桌上型電腦」是什麼概念。當他們給我一部全新的麥金塔電腦並解釋內部運作原理時，我感到非常困惑。然而事情很快就變得明朗，這種個人數位助理的概念、一種「思維專屬的交通工具」，絕對是革命性的。發明電腦的人設想出全新的人類助理工具，就像幾世紀之前的自然哲學家，發明了動力引擎和處理語言的機制一樣。

接著在有機會暫離公司的閒暇時間裡，我又寫了《知識的進程》（*Processes of Knowledge*）、《知識的現實》（*The Reality of Knowledge*）以及《數位現實》（*Digital Reality*）等三本書，記錄了我認為個人電腦的設計隱含了人類理解原則的一些方式。就這些書而言，我要感謝蘋果公司和其他公司幾位同事的幫助，他們完全自願地滋養和挑戰我的哲學思辨。我要感謝（按字母順序）Ellen Anders、David Casseres、David Gatwood、Steven Gulie、Bill Harris、Michael Hinkson、Edward Jayne、Tanya Kelley、Thor Lewis、Tom Maremaa、Tom McArthur、Tim Monroe、Ted Nelson、Martin Schlissel、Darcy Skarada、Jim Stanfield、Bemard Tagholm、Shirley Walker、Allen Watson、Greg Williams 和 Jeanne Woodward。在 Apple 園區裡，我甚至還獲得了「甘道夫」（Gandalf）的綽號。

本書便是將所有這些早期工作，整合成一個緊湊敘述，也就是我所稱的「數位現實」理論。在我終於從蘋果退休，並有時間思考五十年來積累的概念和證據，最後的部分才得以完成。

我在本書中，試圖對數位現實理論進行簡潔明瞭的描述。我要感謝奧斯汀馬克斯利出版有限公司（Austin Macauley Publishers）的工作人員指導本書的出版，還要感謝這裡沒提到的所有一路幫助我的人。這個故事尚未完成，但至少我在 1956 年隱約看到的原始「知識立方體」，現在已經可以理解為「數位現實」的隱喻了。

喬治・湯納（George Towner）

grtowner@icloud.com

電腦如何學會思考？
更新人類理解現實方式的「數位現實理論」
Thinking Like a Computer：An Introduction to Digital Reality

作　　　著　喬治·湯納 George Towner
譯　　　者　吳國慶

副 總 編 輯　成怡夏
行 銷 總 監　蔡慧華
行 銷 企 劃　張意婷
封 面 設 計　蔡佳豪
內 頁 排 版　宸遠彩藝

出　　　版　遠足文化事業股份有限公司 鷹出版
發　　　行　遠足文化事業股份有限公司（讀書共和國出版集團）
　　　　　　231 新北市新店區民權路 108 之 2 號 9 樓
客服信箱　gusa0601@gmail.com
電話　　　02-22181417
傳真　　　02-86611891
客服專線　0800-221029

法 律 顧 問　華洋法律事務所 蘇文生律師
印　　　刷　成陽印刷股份有限公司

初 版 一 刷　2023 年 7 月
定　　　價　400 元
I　S　B　N　9786267255155（平裝）
　　　　　　9786267255162 (PDF)
　　　　　　9786267255179 (EPUB)

國家圖書館出版品預行編目 (CIP) 資料

電腦如何學會思考 / 喬治. 湯納 (George Towner) 作 ; 吳國慶譯.
-- 初版 . -- 新北市 : 遠足文化事業股份有限公司鷹出版 : 遠足
文化事業股份有限公司發行 , 2023.07
　　面 ;　　公分 . -- (鷹之魂 ; 3)
譯自：Thinking like a computer : an introduction to digital reality
ISBN 978-626-7255-15-5(平裝)
1. CST: 電腦科學

112008247